LA LEVEDAD DE LAS LIBÉLULAS

PAIDÓS CONTEXTOS

Últimos títulos publicados:

J. Galef, *La mentalidad del explorador*
R. Salecl, *Pasión por la ignorancia*
T. Aivelo, *Parásitos sin fin*
H. Gardner, *Una mente sintética*
G. Parisi, *En un vuelo de estorninos*
V. E. Frankl, *En el principio era el sentido*
S. Žižek, *Hegel y el cerebro conectado*
J. Sellars, *Estoicismo*
D. García Bello, *La química de lo bello*
b. hooks, *Comunión*
R. Dunbar, *Amigos*
N. deGrasse Tyson, *Mensajero de las estrellas*
I. Gaspari, *Pequeño manual filosófico para personas emotivas*
S. Black, *Todo lo que queda*
M. Schwartz, *La sabiduría del viejo profesor*
H. Sauer, *La invención del bien y del mal*
J. Baggini, *El Evangelio sin Dios*
Confucio, *Los cuatro libros*
T. Papakostas, *Cómo meter toda la Antigua Grecia en un ascensor*
A. Rutherford y H. Fry, *La guía completa de absolutamente todo*
N. Krishnan, *Una aventura terriblemente seria*
U. Özkırımlı, *Cancelados*
L. Shinner, *La invención del arte*
N. N. Taleb, *Antifrágil*
B. Delaney, *Cómo dejar de preocuparte*
M. Gawdat, *La inteligencia que asusta*
M. Wittig, *El pensamiento heterosexual*
J. Eichler, *El eco del tiempo*
S. Žižek, *El plus de goce*
S. Zweig, *Correspondencia*
M. Onfray, *Ánima*
J. Martín-Fernández, *Dime qué sientes*
R. Peckham, *Miedo*
N. N. Taleb, *El cisne negro*
S. Nachmanovitch, *Free Play*
N. deGrasse Tyson, *Cartas de un astrofísico*
S. Ghose, *Su espacio, su tiempo*
O. Laing, *El viaje a Echo Spring*
R. Yuste Rojas, *El cerebro, el teatro del mundo*
D. J. Siegel, *Viaje al centro de la mente*
P. Bringley, *Toda la belleza del mundo*
C. López-Otín, *La levedad de las libélulas*

CARLOS LÓPEZ-OTÍN

LA LEVEDAD DE LAS LIBÉLULAS

Hacia la medicina de la salud.
Un nuevo enfoque para lograr el equilibrio físico y mental

PAIDÓS Contextos

1.ª edición, noviembre de 2024

Paidós es un sello editorial de Editorial Planeta, S. A.
Avda. Diagonal, 662-664
08034 Barcelona, España
www.paidos.com
www.planetadelibros.com

ISBN: 978-84-493-4303-2
Maquetación: Realización Planeta
Depósito legal: B. 17.538-2024
Impresión y encuadernación en Rotoprint by Domingo, S. L.

Impreso en España – *Printed in Spain*

PEFC Certificado
Este libro procede de bosques gestionados de forma sostenible
PEFC
PEFC/14-38-00305
www.pefc.es

A Natalia Vega, por poner nombre a los maestros de la protervia
A Guido Kroemer, por representar mi mejor estímulo intelectual

SUMARIO

NOTA DEL AUTOR

Los distintos capítulos de *La levedad de las libélulas* van acompañados de una iconografía que complementa al texto. Esta colección de imágenes incluye una selección de las fotografías que tomé en los distintos escenarios de París en los que se va desarrollando la trama de este libro y puede ayudar a los lectores a poner una nota de realidad en aquellas páginas en las que las metáforas y la fantasía son las protagonistas centrales de la narración.

Te invito a volver a esta página cada vez que comiences un nuevo capítulo para revisar el contenido a través del código QR que encontrarás a continuación.

Asimismo, en la dirección <lalevedaddelaslibelulas@gmail.com>, atenderé cualquier pregunta, crítica o sugerencia que deseen plantear los lectores del libro.

PRIMERA PARTE

Biografía de la salud: silencio, armonía, sabiduría

CAPÍTULO 1

La levedad de las libélulas

Esta mañana, como muchas otras desde que vivo en París, me acerqué caminando a la Fontaine Médicis del Jardín de Luxemburgo, mi lugar preferido en esta ciudad, para contemplar el ciclo de las estaciones, distraer melancolías e imaginar nuevos mundos. Me asomé a las aguas de un estanque que apenas tiene dos palmos de profundidad y volví a experimentar la fascinante sensación de creer que estoy viajando al interior del enigmático océano del planeta Solaris. De pronto escuché un suave murmullo que se acercaba deslizándose por el vacío. Tratando de averiguar el origen de un sonido tan poco habitual, alcancé a observar una diminuta línea recta de color azul iridiscente que volaba vertiginosamente hacia mí. Cuando llegó a mi altura, me di cuenta de que la breve línea azul era una bella libélula adornada con cuatro alas de cristal cuyo movimiento cortaba el aire y rompía el silencio. Un instante después, la libélula se detuvo y, desafiando la fuerza de la gravedad, quedó suspendida en la nada justo enfrente de mí. Nuestras miradas se cruzaron durante unos momentos y nos examinamos mutuamente con curiosidad, hasta que con un ágil aleteo la leve libélula prosiguió su camino, mientras mi mente comenzaba a pensar en su fragilidad, en la mía y en la de todos.

Las libélulas son criaturas míticas, veloces y maravillosas, con una excepcional capacidad de observar el mundo a través de unos ojos formados por miles de estructuras hexagonales que les regalan una visión panorámica completa del entorno en el que viven. Vuelan en cualquier dirección, suben, bajan, avanzan, retroceden, giran a la derecha, a la izquierda o sobre sí mismas, y se sostienen en el éter sin aparente esfuerzo, todo lo cual da sentido a su nombre y llega a convertirlas en auténticos seres «sutiles, ingrávidos y gentiles». La palabra *libélula* deriva de *libella* ('balanza'), un vocablo que expresa adecuadamente la idoneidad de estos animales para alcanzar ese equilibrio imposible que les permite flotar en el aire y nutrirse del viento. Sin embargo, su vida no es nada sencilla, pues para lograr disfrutar en plenitud de todos estos talentos, las libélulas deben emprender un largo y arriesgado periplo que comienza cuando una hembra deposita centenares de huevos en las aguas de algún rincón resguardado. Desde ese mismo instante se pone en marcha un fascinante proceso de metamorfosis que puede extenderse durante un lustro y que, si todo va bien (como nos asegura Max Raabe en su curiosa e inquietante canción *Es wird wieder gut*), logrará transformar unas delicadas ninfas en organismos adultos que viven y vuelan deprisa para poder saborear con intensidad los apenas dos meses de existencia que les conceden su diseño biológico y su patrimonio genómico.

Estos seres alados, con una vida tan efímera como la de la literatura «en tiempos de palabras aladas»[1] y antes de la invención de la escritura, son tan evocadores como inspiradores. Desde tiempos ya muy lejanos, diversas culturas han considerado a las libélulas como símbolo del equilibrio preciso para sobrevivir y de la perseverancia necesaria para lograr la madurez, mientras que su vuelo incesante y urgente sobre el agua se ha asimilado con la búsqueda interminable de los elementos esenciales de la vida y la necesidad de adoptar una mirada elevada para ampliar nuestra perspectiva sobre los problemas cotidianos. Además, sus acrobacias y malabarismos corporales, magistralmente percibidos y dibujados por el gran Leonardo da

Vinci, sirvieron de inspiración al genial artista italiano en su afán por construir nuevos artilugios para dominar el cielo. Todos estos pensamientos, que ahora ordeno con calma, se agolparon en mi mente tras la simple visión de una minúscula línea recta en movimiento que al final no era solo una bella geometría, sino una vibrante biología. Sin embargo, ninguna de estas sensaciones *libelulares*, generadas por azar o por curiosidad una mañana cualquiera en la Fontaine Médicis, fue comparable al recuerdo de una obra de arte fundamental en mi vida, *El vuelo de la libélula frente al sol*, un cuadro que desde la primera vez que lo vi me hizo sentir con absoluta nitidez la levedad de la vida envuelta en poesía.

Joan Miró pintó esta emocionante oda a la fragilidad con unos pocos trazos sobre fondo azul que son suficientes para conformar tres figuras en perfecto equilibrio asimétrico: un gran sol rojo, una pequeña luna negra y una delicada libélula suspendida en su levedad e inquieta ante el inexorable desenlace de su largo viaje al lugar donde se detiene la luz y se apaga el viento. Con su brillante lenguaje onírico y su recurrente mitología cósmica, el artista se convirtió en un *crononauta* capaz de volar hacia atrás como el asombroso pájaro Goofus de Borges o las propias libélulas iridiscentes, hasta volver a ser «el niño que hablaba con los árboles»; ese mismo niño de quien José Hierro decía que se ocultaba bajo las capas de la cultura, la civilización, las costumbres y las buenas maneras, con el fin de sostener su ingenuidad. Para alcanzar ese estado de sublime introspección, Miró tuvo que afrontar su propia vulnerabilidad y luchar contra la fragilidad e hipersensibilidad que le acompañaron durante gran parte de su larga vida. Antes de comprometerse definitivamente con su arte, el joven Miró fue contable en una droguería y en ese entorno sufrió en 1911 su primera grave depresión, de la que se recuperó en una masía de Mont-roig del Camp (Tarragona). Fue allí donde el aprendiz de pintor sintió que «un mundo nuevo se abría» en su cerebro.[2]

Desde entonces, el artista comenzó un viaje de exploración al interior de su mente en busca de inspiración para sus obras, construyó nuevos universos y los pobló de constelaciones, las coloreó con exuberancia en sus momentos de efervescencia pictórica y soportó con paciencia las crisis de creatividad asociadas con la visita periódica de sus eclipses de alma. La pálida mirada azul de Joan Miró, como la descrita en la conmovedora canción *Pale blue eyes,* de Lou Reed, alertaba sobre su crónica melancolía, una emoción común a muchos pensadores, artistas y escritores: de Sócrates a Petrarca, de Friedrich Nietzsche a Johann Wolfgang von Goethe, de Vincent van Gogh a Nicolas de Staël, de Georgia O'Keeffe a Yayoi Kusama, de Robert Schumann a Serguéi Rajmáninov y de Marcel Proust a Virginia Woolf. Todos ellos sufrieron la pulsión de la angustia emocional, el miedo al vacío creativo frente al lienzo desnudo, al pentagrama sin notas o a la página en blanco, e incluso experimentaron el dolor insoportable ante la llegada del día siguiente, lo que hizo que muchos de estos grandes imaginadores decidieran despedirse de la vida por propia voluntad y muy a destiempo.

En el pasado, muchas veces consideré que sería muy interesante explorar las claves genéticas subyacentes a las tristezas y melancolías asociadas con la creatividad humana, pero poco a poco me fui convenciendo de que en realidad este trabajo sería demasiado limitado y que habría que intentar ir mucho más lejos para afrontar con profundidad un colosal problema social. Las razones de este cambio radical en mi perspectiva sobre esta cuestión se pueden entender mejor si atendemos a los números de la adversidad mental. Sus crecientes y alarmantes cifras son capaces de abrumarnos y arrastrarnos a los pantanos de la desolación. Hoy, alrededor de mil millones de personas padecen algún tipo de desorden emocional y nada menos que un millón de seres humanos, incluido un número significativo de adolescentes, deciden quitarse la vida cada año. Además, el censo de pacientes con demencias todavía incurables o mínimamente controlables va a duplicarse en las tres próximas décadas hasta superar los ciento cincuenta millones en 2050, un tiempo en el que, según los arrogantes y pretenciosos gurús del tecnooptimismo, el ser humano ya debería haber alcanzado la inmortalidad. Una sencilla escansión* de cinco sílabas me ayuda a definir mis sentimientos en torno a estos incómodos y dramáticos números: *in, to, le, ra, ble.*

Con este bagaje, tan pesado como la propia piedra de Sísifo, regreso a mi particular océano pensante de Solaris[3] —en realidad, un pequeño mar— en la Fontaine Médicis y vuelvo a buscar inspiración en la contemplación de la levedad del vuelo de una frágil libélula, pero hoy no comparecen ni su geometría ni su biología. En su ausencia, reviso con rapidez mis últimos cuarenta años de vida apoyado en la sencilla barandilla metálica que me separa del profundo abismo acuático de un par de palmos. Me doy cuenta de que tras todo «este ancho espacio y largo tiempo»[4] dedicado con convicción y compromiso al estudio de las claves científicas del egoísmo celular que provoca el cáncer, o de las causas de la decadencia biológica asociada a los procesos de envejecimiento, o de las mutaciones responsables de muchas enfermedades minoritarias, sigo asombrándome de la fragilidad humana, tan vívidamente ilustrada por esos números referidos a las enfermedades mentales. Imagino de nuevo la vulnerabilidad de la veloz y equilibrada libélula, hoy ausente tras emprender su viaje final al encuentro del sol, y la reemplazo por una sorprendente visión distópica que consigue asustarme.

Del fondo del mar de Solaris emerge una inmensa nube iridiscente formada por más de mil millones de libélulas, una por cada uno de los seres humanos que hoy padecemos algún tipo de desequilibrio emocional o psicosocial. La nube se extiende rápidamente en forma de ectoplasma verdeazulado, que, siguiendo las mismas pautas relatadas en el *Ensayo sobre la ceguera,* de José Saramago, llega a cubrir la superficie entera de la Fontaine en la que se bañan y abrazan Acis y Galatea, bajo la atribulada mirada del gigante Polifemo. Justo entonces observo una convulsión acuática que hace que la nube *libelular* comience a expandirse hacia el cielo donde el espacio deja de estar restringido y las libélulas pueden emprender con libertad su incierto viaje hacia un sol social que ilumina, pero también abrasa.

La levedad de las libélulas es una reflexión desde diversas perspectivas sobre lo que significa en la actualidad la idea del bienestar personal, tanto físico como mental. Con este propósito general, el libro comenzará en su primera parte analizando la biografía de la salud, ese don tan provisional cuya percepción científica y social ha cambiado notablemente a lo largo de la historia. Sucesivamente, presentaremos la salud como el silencio, el equilibrio y la sabiduría del cuerpo, para concluir con la propuesta de que este anhelado don debería ser **la cultura de la vida**. Después, tras definir las claves biológicas de la salud en términos positivos y no simplemente como la mera ausencia de enfermedades, el libro caminará hacia la valoración de los determinantes sociales que subyacen al desarrollo de nuevas formas de relacionarnos con nuestro cuerpo en la salud y en la enfermedad, enfatizando la necesidad de reflexionar sobre una futura **medicina de la salud** que contribuya a mejorar las opciones actuales de la medicina de la enfermedad. Desde allí, progresaremos en la evaluación de los datos que nos han llevado a afirmar la incuestionable influencia de los actuales usos sociales en la multiplicación de las enfermedades somáticas y mentales hasta alcanzar unas dimensiones desoladoras. A continuación, discutiremos el hecho de que los naufragios emocionales no son patrimonio exclusivo de un pequeño grupo de personas con dones especiales de creatividad, sino que han pasado a convertirse en un gran mal global que requiere una atención prioritaria bajo prismas científicos, médicos, culturales, sociales, económicos y políticos. Después, el libro avanzará hacia la integración de todos estos mundos distintos mediante la creación de un marco de pensamiento humanista que nos permita comprender que la salud física y la salud mental son partes intrínsecas e indisociables de una misma ecuación, cuyos términos deberemos desentrañar.

Con este objetivo, en su segunda parte, el libro cambiará de registro y emprenderá un largo viaje circular a través de un mundo metafórico, onírico, científico, médico, biográfico y social, en el que los límites de la fantasía y la realidad se difuminarán y se moverán al compás del continuo vaivén que nos lleva de la salud a la enfermedad. Este periplo entre lo real y lo imaginario exigirá violar las reglas de la física y trascender las barreras del espacio y el tiempo, pues en las mismas páginas convergerán protagonistas de distintas épocas históricas que se reunirán en diversos escenarios de Bruselas y París, para intercambiar experiencias y reflexiones. Estas conversaciones entre artistas, escritores, pensadores y científicos son precisamente las que nos ayudarán a entender las claves que determinan nuestra salud física y mental. La atención y la complicidad de los lectores será fundamental para navegar pausadamente durante este viaje atemporal que comenzará en el capítulo 11 y en el que nuestros guías serán personajes tan dispares como Leonardo da Vinci, Leonhard Euler, Alois Alzheimer, Edvard Munch, Julio Cortázar, Milan Kundera o Wisława Szymborska. A través de una sobredosis de imaginación —tal vez cercana a la patología, pero con una profunda sensación de verdad íntima—, estas páginas intentarán transmitir la idea de que durante la escritura de este libro pude disfrutar mentalmente del privilegio imposible de conversar en el tiempo actual con todos estos seres humanos extraordinarios. De estas oníricas y metafóricas conversaciones creo haber aprendido lecciones esenciales para intentar integrar conocimientos muy dispersos que se irán depositando lentamente en los últimos capítulos del libro. A través de ellos, el texto nos devolverá al mundo de la reflexión sobre el bienestar físico y mental mediante la formulación final de los nueve términos que componen la metafórica **rayuela de la salud**, una curiosa ecuación que define esta evanescente entidad que, con naturalidad o cargados de vehemencia, deseamos mantener cerca de nosotros.

La levedad de las libélulas concluirá en París en el mismo lugar donde comenzó: la Fontaine Médicis. Allí asistiremos a una gran fiesta de celebración de la salud y de la vida en la que de nuevo se superarán los límites del tiempo y el espacio, y a la que irán acudiendo unos insólitos y sorprendentes invitados de diferentes ámbitos y épocas. Diversos en origen y condición, pero estrechamente unidos por los dones de la curiosidad y la creatividad, los invitados terminarán reflexionando sobre cómo acabar con la epidemia de soledad y tristeza que se está expandiendo por nuestro planeta. Su llamada de atención es la nuestra; no podemos seguir disimulando, ni practicar el arte de la impostura porque ya no es tiempo de silencio. Adaptarse o morir no puede ser el dilema al que hemos de enfrentarnos en la sociedad actual. Hay esperanza en el horizonte para los cada vez más frecuentes «náufragos en la luna» imaginados por Lee Hey-jun. Para ello debemos avanzar en el conocimiento, la educación y la equidad social hasta «convertir la palabra en la materia»[5] y estrenar cada día con la confianza de que, aunque seamos criaturas imperfectas, frágiles y vulnerables, podemos llegar a ser artistas de nuestra propia vida y hasta pintar la leve estela que deja una frágil libélula cuando vuela.

CAPÍTULO 2

El más bello icono de la salud

Una tarde de otoño de hace más de cinco siglos, un brillante y carismático artista de origen toscano que vivía y trabajaba en Milán sacó de un gran baúl uno de sus diversos atuendos de color rosa viejo y se vistió sin prisa. Después se cubrió con una capa de satén carmesí y una capucha de terciopelo violeta, se enfundó unas medias moradas y se acercó al foso del Castillo Sforzesco para entregarse a uno de sus placeres favoritos: la observación del vuelo de las libélulas. Aunque no era consciente de ello, este curioso artista que se vestía con ropas tan llamativas poseía un excepcional talento visual relacionado con un proceso que con el paso del tiempo se conocería como «frecuencia crítica de fusión de parpadeo».[1] Tras varias horas de contemplación de una de esas sencillas maravillas de la naturaleza que pasan desapercibidas para la mayoría de los seres humanos, el artista que amaba las libélulas comprobó con satisfacción, y sin necesidad de viajar al futuro para servirse de las técnicas actuales de fotografía ultrarrápida, que el movimiento de las alas delanteras y traseras de estos insectos era asimétrico, de forma que cada par de ellas se movía a su propia manera y con sus propios ritmos.

Cuando ya comenzaba a oscurecer, y con la mente todavía ocupada con la interpretación de las acrobacias aéreas de sus queridas libélulas, el pintor toscano regresó a casa y se animó a reconstruir lentamente las estimulantes conversaciones que había mantenido a lo largo de las últimas semanas con dos amigos suyos, Francesco di Georgio y Giacomo Andrea. Los tres compartían la admiración por las ideas de Marco Vitruvio Polión, un ingeniero militar romano nacido alrededor del año 80 a. C. y autor de un influyente tratado llamado *De Architectura.* Esta guía de construcción no se centraba exclusivamente en los conocimientos de esta disciplina en la Antigüedad clásica, ya que también exploraba la anatomía humana en busca de la definición de las proporciones corporales perfectas, que necesariamente debían encajar en un círculo y en un cuadrado. De acuerdo con las reglas de la mitología, el círculo representaba lo divino, y el cuadrado, lo terrenal, por lo que, idealmente, el cuerpo humano debería obedecer a los mismos principios y acomodarse a las mismas simetrías y geometrías que las que gobernaban el universo entero.

Tras entretenerse un buen rato con estas disquisiciones, el pensador toscano intentó descansar del ajetreo causado por una jornada vivida con la misma intensidad que siempre aplicaba a todas sus actividades creativas. Sin embargo, fue incapaz de conciliar el sueño. En su cerebro bullían las imágenes de las bellas libélulas volando apresuradas de aquí para allá y se mezclaban con las siluetas de cuerpos humanos en continua metamorfosis tratando de encajarse en un círculo y en un cuadrado para poder satisfacer las geometrías propuestas por el arquitecto Vitruvio. Tras varias horas de inquieta duermevela, el pintor tuvo un impulso irrefrenable, saltó de la cama y abrió uno de sus cuadernos de notas. A continuación, cogió una de sus plumas favoritas con punta de plata, la sumergió en el tintero y, con la ayuda de un compás y una escuadra, trazó en primer lugar un círculo y después un cuadrado ligeramente desplazado hacia la parte inferior del papel. De esta manera, el círculo descansaba sobre la base del cuadrado, pero por la parte superior se extendía más allá de los límites impuestos por la figura cuadrangular. El desvelado artista comenzó entonces a dibujar con pulso firme un delicado retrato de un hombre desnudo con los brazos y las piernas extendidos, el ombligo situado en el centro del círculo y los genitales ocupando el centro del cuadrado. Además, dispuso los dedos de las manos y los pies de manera que acariciaran la circunferencia que delimitaba el círculo en el que había inscrito la figura humana. Sin detenerse un instante, el visionario dibujante sombreó el torso con un ágil plumeado y comenzó a dar forma al rostro.

Durante unos segundos, el pintor pareció dudar sobre las facciones que debería otorgar al hombre que acababa de encerrar en un círculo y un cuadrado, pues él mismo se había manifestado en contra de abrazar el principio de que «todo pintor se pinta a sí mismo». Sin embargo, su mente y sus manos desoyeron su propia norma y le impulsaron a crear un rostro muy familiar en el que, bajo una inconfundible cabellera rizada, destacaba un ceño fruncido y una penetrante mirada. Orgulloso de su trabajo, se alejó ligeramente de la imagen que acababa de dibujar, la observó con detenimiento y, finalmente, susurró para sí mismo un par de sencillas palabras: «Soy yo». Sí, era él, Leonardo, Leonardo da Vinci,[2] el elegante y extravagante artista toscano que con el tiempo se convirtió en uno de los máximos exponentes de esa prodigiosa mente que, «por azar o por necesidad», la evolución biológica tuvo a bien conceder a nuestra especie.[3]

Siempre exigente con su labor artística, Leonardo sintió que su obra estaba todavía incompleta y necesitaba algún detalle más para que pudiera considerarse como definitiva. El dibujo del hombre inspirado por Vitruvio tenía armonía y belleza, pero resultaba demasiado estático, carecía de ese movimiento consustancial a la vida, esa pulsión que distingue lo animado de lo inerte y que apenas unas horas antes él mismo había contemplado con fascinación mientras disfrutaba del vuelo de las libélulas. En ese preciso instante, cuando en Milán ya empezaba a amanecer, Leonardo tuvo un nuevo arrebato genial de inspiración y decidió duplicar las extremidades de su hombre de Vitruvio mientras mantenía un solo rostro y un único torso. De pronto, como si su figura hubiera recibido una auténtica infusión de *élan vital*, los cuatro brazos parecían desplazarse arriba y abajo de manera semejante a las cuatro alas de las libélulas, mientras que las piernas se abrían y parecían moverse hacia atrás y hacia fuera, todo lo cual creaba una imagen humana llena de vida y presta a iniciar el arriesgado vuelo de Ícaro. Finalmente, Leonardo completó el dibujo con una serie de anotaciones en la parte inferior de la hoja en las que detallaba algunos aspectos de sus estudios anatómicos y las veintidós medidas que a su juicio definían las proporciones ideales del cuerpo humano.

Leonardo da Vinci, que no había cumplido aún los cuarenta años, acababa de legar a la humanidad *El hombre de Vitruvio*, un dibujo pequeño en sus dimensiones físicas pero portador de un colosal tesoro conceptual. Con unos pocos trazos, un artista había sido capaz de representar el cuerpo humano por medio de la geometría y las matemáticas, las mismas ciencias que gobiernan el mundo real que nos acoge, y lo había hecho sin despojarlo de la belleza, el dinamismo y la armonía consustanciales a la magia de la vida. Con su creatividad, Leonardo contribuyó a disipar el humo de las hogueras medievales alimentadas durante siglos por la superstición y la ignorancia, y abrió un nuevo camino para avanzar en el conocimiento de nuestro lugar en el mundo. La ciencia y el arte se fundieron así ante la excepcional mirada de un artista que ya había sido capaz de captar momentos tan efímeros como el vuelo de una libélula o la formación de un remolino de agua, y que llegaría a su cima unos años más tarde, cuando pintó ese enigmático instante de cuasi infinita fugacidad que aconteció un attosegundo[4] antes de que una sonrisa se dibujara en el rostro de Lisa Gherardini, la bella esposa de Francesco del Giocondo.

El deslumbrante hombre de Vitruvio se mantuvo en un discreto silencio durante muchos años, pero acabó por convertirse en una de las imágenes más reproducidas en la historia del arte. Su popularidad quedó refrendada por datos tan significativos y dispares como la recreación del dibujo en la serie de televisión *Los Simpson* o mediante su incorporación en forma de monedas de un euro al catálogo numismático italiano. Muy recientemente, los aspectos anatómicos de la figura dibujada por Leonardo han sido ampliamente validados en un estudio científico en el que se escaneó el cuerpo de sesenta y cinco mil personas para evaluar los posibles cambios en la percepción de las proporciones humanas perfectas tras los más de cinco siglos transcurridos desde que Leonardo da Vinci dibujó su hombre de Vitruvio.[5] Curiosamente, salvo algunas pequeñas diferencias en la longitud del brazo y del muslo, que conllevarían que los dedos de pies y manos sobrepasaran los límites de la circunferencia, todos los demás parámetros analizados se han mantenido en buena medida estables, con lo cual se corrobora la romántica idea de que el ideal anatómico renacentista ha permanecido ajeno a la tiranía de las modas.

Recuerdo bien el momento en el que tuve la oportunidad de ver por primera vez la imagen del hombre de Vitruvio, gracias a la encomiable labor de doña Teresita Gascón, una entrañable profesora de Historia que, en el instituto de mi pueblo natal (Sabiñánigo, Huesca), se empeñó con gentil perseverancia en introducirnos en los secretos del mundo antiguo. Han pasado más de cincuenta años desde entonces, pero la impresión que me produjo esa obra de arte que destilaba una armonía cuya importancia conceptual entonces desconocía permaneció bien anclada en mi memoria. Hoy, la pequeña figura humana dibujada por el gran Leonardo da Vinci representa en mi mente **el más bello icono de la salud**, y cuando he tenido que reflexionar sobre este concepto desde muy diversas perspectivas, a menudo he procurado acudir al hombre de Vitruvio en busca de consejo. Afortunadamente, y no solo simbólicamente, cuando lo he necesitado, el mítico hombre vitruviano siempre ha comparecido en la *Piazza Grande* de Lucio Dalla, esa en cuyos bancos se habla del amor y de la vida.

CAPÍTULO 3

El hombre que dominaba a los caballos

La salud es un don tan efímero y frágil como el futuro de una leve libélula en vuelo al sol. Todos somos conscientes del inmenso valor de este concepto que nos parece tan sutil como el silencio y que acaba por ser tan evanescente como la felicidad. Sin embargo, nos cuesta mucho encontrar las palabras adecuadas para definir la idea de salud y solo reconocemos su verdadera importancia cuando se aleja de nosotros dejando tras de sí una rica gama de sonidos, desde un suave rumor a un ruido atronador que, si se mantiene anclado en nuestro interior, puede llegar a costarnos la vida. Definitivamente, **la salud es el silencio del cuerpo**.

Distraído en el azul del mundo, pienso en estas palabras sobre la salud y escucho con atención a mi propio organismo. Hace ya más de un lustro que oigo susurros; no son ni voces ni gritos, más bien simples susurros instalados crónicamente en mi mente e indicativos de esa pérdida de armonía molecular que siempre acompaña a cualquier enfermedad somática o mental. En su crónica presencia, miro lejos hacia el pasado y trato de imaginar cómo ha evolucionado el concepto de salud a lo largo de la historia. Este largo viaje me lleva hasta la mitología, esa inmortal fuente de conocimiento que nos asusta o deslumbra con historias exageradas o disparatadas que nunca ocurrieron, pero que siempre parecen seguir sucediendo a nuestro alrededor, cada día y en cada lugar, aunque con variable intensidad. Mi primera parada en esta mirada lejana a los orígenes del pensamiento sobre la salud me invita a conversar en voz baja con Asclepio, el hijo de Apolo y Coronis, que, tras graves disputas familiares, fue puesto bajo la tutela y protección del centauro Quirón.

Asclepio fue ampliamente instruido en el arte de curar y alcanzó tal destreza en su tarea que era capaz de resucitar a los muertos, por lo que Zeus, envidioso de sus capacidades y temeroso de que el más allá y el inframundo quedaran deshabitados, decidió acabar con su vida lanzándole un rayo mortal. Hubo muchas protestas entre el colectivo de dioses y semidioses, pues, pese a sus modestos orígenes humanos por parte de madre, consideraban a Asclepio como uno de los suyos. Finalmente, tras un larguísimo debate, que debió de extenderse durante unos cuantos eones, se llegó al acuerdo de que Asclepio merecía ocupar un lugar entre los dioses y recibió las facultades y atributos de una auténtica deidad, a cuyo cargo quedaron los asuntos de la medicina y la sanación.

Asclepio se tomó muy en serio su divino trabajo e inauguró una saga médica en la que todos los miembros de su familia contribuyeron de una u otra manera al cuidado de la salud, entre los cuales destacan sobre todo sus hijas Higiea y Panacea, que heredaron del padre las responsabilidades respectivas en materia de prevención y de remedios terapéuticos. El compromiso de ambas con sus obligaciones como sanadoras fue tan extraordinario que, con el paso del tiempo, Higiea fue reconocida como la diosa griega de la salud y se convirtió en el símbolo de la prevención de las enfermedades, mientras que su hermana Panacea pasó a ser la diosa de las medicinas y la representación por antonomasia de la sanación, pues se rumoreaba que podía curar todos los males del mundo, con la única excepción de la vejez. Sin duda, la mitología siempre tendió a exagerar sus logros, pero la afirmación de que el envejecimiento quedaba fuera del alcance de los tratamientos médicos disponibles en la lejana Antigüedad constituye, a mi juicio, una prueba de enorme sensatez, al tiempo que otorga una profunda credibilidad tanto a los divinos sanadores como a sus humanos pacientes.

Curiosamente, aunque no por casualidad, fue en este entorno teúrgico y mágico, repleto de dioses y prodigios, en el que durante los siglos VI y V a. C. comenzó a florecer la medicina del futuro.[1] Este nuevo «milagro griego» ocurrió en una región del mundo helénico que recibe el nombre de Magna Grecia, esto es, el territorio ocupado por los colonos griegos en el sur de la península itálica y en la isla de Sicilia. Desconocemos en gran medida las circunstancias particulares que concurrieron en ese lugar, así como los poderosos fenómenos que encendieron la curiosidad de esos colonos y los impulsaron a transformar un conjunto de limitados conocimientos anatómicos y de rudimentarias prácticas empíricas en una disciplina formal basada en el estudio científico de la naturaleza. Los activos nombradores de aquellos lejanos tiempos decidieron que esta nueva disciplina se llamaría *physiologia*.

La aventura del conocimiento siempre es una tarea colectiva, pero la historia nos ha enseñado que hay seres singulares capaces de ver más allá y convertirse en sembradores de estrellas. Este fue el caso del gran Alcmeón de Crotona, «que era joven cuando Pitágoras ya era viejo», y que con unas pocas palabras amplió la perspectiva humana sobre la salud y la enfermedad: «La salud está sostenida por el equilibrio de las potencias: lo húmedo y lo seco, lo frío y lo cálido, lo amargo y lo dulce, y las demás. El predominio de una de ellas es causa de enfermedad, pues tal predominio de una de las dos es pernicioso. La enfermedad sobreviene, en lo tocante a su causa, a consecuencia de un exceso de calor o de frío; y en lo que concierne a su motivo, por un exceso o defecto de alimentación; pero en lo que atañe al dónde, tiene su sede en la sangre, en la médula o en el encéfalo. A veces se originan las enfermedades por obra de causas externas: a consecuencia de la peculiaridad del agua o de la comarca, o por esfuerzos excesivos, forzosidad o causas análogas.

La salud, por el contrario, consiste en la bien proporcionada mezcla de las cualidades».

Maravilloso resumen escrito hace más de veinticinco siglos por un auténtico sabio: **la salud es el equilibrio**, una preciosa y preciada palabra que comparece de nuevo en estas páginas. El equilibrio que portan las frágiles libélulas en su nombre y en su esencia (*nomen est omen*, el nombre es el destino) y el que transmite el hombre de Vitruvio inscrito en un círculo y un cuadrado. Contrariamente a lo que se creía en el mundo antiguo, las enfermedades no son fruto del castigo infligido a los seres humanos por unos impredecibles, vengativos y coléricos dioses, sino el resultado de la ruptura del equilibrio de nuestra propia fisiología por mor de alteraciones externas o internas de diverso signo que terminan conduciendo a la pérdida de la armonía que dirige la vida.

Arrastradas por el meltemi, las semillas sembradas por Alcmeón acabaron llegando a orillas del Egeo, en una de cuyas bellísimas islas otro héroe singular llamado Hipócrates de Cos iba a tomar el relevo y cambiar para siempre el modo de entender la medicina. Hipócrates, el hombre que dominaba a los caballos (de *hipos*, 'caballo', y *krató*, 'dominar'), nació en el año 460 a. C., cuando Alcmeón era ya muy viejo o tal vez se había despedido discretamente de la vida, y nos vuelve a recordar el *nomen est omen* de Plauto y de Shakespeare al escribir que «la medicina es el arte de dominar lo que en la naturaleza es azar, cuando este se manifiesta bajo la forma de una enfermedad». A la tarea de dominar el voluble y vigoroso caballo de la enfermedad va a dedicar Hipócrates de Cos la vida entera: estudia en bibliotecas, enseña bajo la sombra de un plátano oriental que todavía sobrevive en su isla natal y viaja sin descanso para transmitir la idea de que la medicina se rige por unas normas basadas en la observación y la experimentación que es preciso seguir si queremos recuperar la salud perdida. En perfecta sintonía con Alcmeón, Hipócrates escribió el tratado titulado *Sobre los aires, aguas y lugares*, en el que generosamente eximía a los dioses de la agotadora responsabilidad de generar enfermedades y acababa por concluir que la salud humana es fruto del equilibrio del organismo con el ambiente en que navega la vida. Sin duda, esta idea es muy cercana a la que hoy manejamos en torno a las claves de la salud somática y emocional tras la introducción de conceptos como **exposoma**,* que nos ayudan a definir y entender la influencia del entorno sobre nuestra peripecia vital cotidiana.

Hipócrates, del que se decía que su familia descendía directamente del dios Asclepio (aunque no he logrado encontrar pruebas que avalen tan elevados orígenes), difundió ampliamente la propuesta de que la salud responde a un estado de perfecto equilibrio entre los cuatro humores corporales: la sangre, de naturaleza húmeda; la flema, húmeda y fría; la bilis amarilla, seca y caliente; y la bilis negra, fría y seca: «El hombre es, pues, tanto más sano cuanto dichos componentes se hallen entre sí en una relación de mayor ponderación y equilibrio en lo referente a mezcla, fortaleza y cantidad. El ser humano sufre, en cambio, cuando alguna de dichas sustancias existe en cantidades excesivamente grandes o pequeñas, o ha sido eliminada del cuerpo, no estando mezclada con las restantes».

Esta nueva forma de pensamiento médico centraba su interés en la prevención y la prognosis, es decir, en la capacidad del médico para anticiparse al desarrollo de la enfermedad y predecir su evolución. La atenta aplicación de esos principios permitió detectar diferencias tanto en la susceptibilidad individual a las diversas dolencias como en la severidad de los síntomas, todo lo cual abrió el camino a lo que hoy conocemos como medicina personalizada y de precisión. Curiosamente, el programa médico formulado por Hipócrates fue desde sus orígenes muy poco intervencionista; de hecho, él siempre mantuvo que el proceso de la curación natural podía desarrollarse en muchos casos por medio de una dieta adecuada, una cuidadosa higiene corporal y un modo de vida sano y reposado. Sin embargo, el *Corpus Hippocraticum* también contemplaba el empleo de tratamientos ejercidos sobre el propio organismo del paciente, desde sangrías y cauterizaciones hasta lavativas y vomitivos, pasando por la administración de plantas medicinales para restituir en el cuerpo humano las proporciones originales de sus cuatro fluidos esenciales y así lograr la denominada eucrasia, el equilibrio humoral perfecto. Avanzando aún más, Hipócrates mantuvo que cada uno de los cuatro humores iba asociado a un temperamento distinto: el sanguíneo, el flemático, el colérico y el melancólico, lo cual iba a ser una formulación preliminar, harto imprecisa pero muy sugestiva, del presupuesto según el cual tanto las emociones como los comportamientos tendrían una base física. La concepción hipocrática de los humores tuvo un enorme impacto social y se fue transmitiendo aquí y allá a lo largo del tiempo; el propio Leonardo da Vinci la ilustró de manera brillante en su obra *Cinco cabezas grotescas*, cuya elaboración en torno a 1490 coincidió con la de su icónico dibujo del hombre de Vitruvio.

La medicina hipocrática realizó muchas otras contribuciones que se proyectaron hacia el futuro. Entre ellas destacan sobre todo la consideración del organismo enfermo como una totalidad necesitada de una atención integral y la confirmación de las propuestas iniciales de Alcmeón acerca del origen de pensamientos, sensaciones y emociones, que provendrían del cerebro y no del corazón. Así, y en contra de lo que se había postulado hasta entonces, «el cerebro llevaba a la conciencia las sensaciones que los nervios traían desde los órganos sensoriales». Además, y de manera absolutamente presciente, los textos hipocráticos hacían referencia a las influencias recíprocas del cuerpo y el ánimo, con lo cual se planteaba por primera vez el entrelazamiento existente entre las dos palabras utilizadas por los antiguos griegos para referirse a la vida, *zōē* y *bíos*, vida natural y vida social, que llegarían a estar íntimamente unidas en virtud de mecanismos entonces completamente desconocidos.

Para intentar paliar este enorme vacío, los grandes pensadores e imaginadores helénicos tuvieron que invocar la existencia del alma (*psyché*), a la que definieron como una parte del cuerpo más sutil que las restantes, que se desarrollaba a lo largo de la vida y que era capaz de viajar por el organismo para desempeñar sus funciones relativas a la reflexión, el pensamiento, la inteligencia, la conciencia, la sensibilidad y la afectividad. El alma no sería otra cosa que el instrumento para conocer, a través del cerebro, «el bien y el mal, lo agradable y lo desagradable, lo útil y lo inútil». Nada mejor que cuatro palabras del propio Hipócrates para resumir todo este caudal de información: *Ars longa, vita brevis*. El arte, incluyendo el arte de curar, requiere un largo aprendizaje, pero la vida es corta, y una sola persona nunca podrá alcanzar el pleno conocimiento. Sin duda iban a hacer falta muchos ojos, muchas manos, muchos cerebros y muchos «paseos del alma» para seguir avanzando en la búsqueda de las claves de la vida humana y de nuestro lugar en el mundo.

Exhausto tras estos largos viajes en el tiempo, detengo un rato mis pasos retrospectivos hacia los hechos y las vidas de los primeros estudiosos de la salud y me dispongo a disfrutar con calma de mi admiración por los excepcionales logros de unos pocos seres humanos dotados de escasos medios materiales y tecnológicos, pero poseedores de grandes dosis de curiosidad, ambición e imaginación. Me asombro al constatar que muchos de los principios que rigen ahora los modelos más avanzados de la medicina moderna, incluyendo los que subyacen tras expresiones como medicina personalizada, holística, integrativa y psicosocial, ya fueron formulados de manera precaria pero rigurosa por ese puñado de personas capaces de reflexionar con tanta profundidad sobre el mundo y sobre la vida. Pero debemos seguir nuestro viaje, así que, tras agradecer de nuevo en voz baja a Alcmeón de Crotona e Hipócrates de Cos sus excepcionales contribuciones en beneficio de toda la humanidad, la de antes, la de ahora y la de mañana, abrazo las palabras de Milan Kundera acerca de la búsqueda del infinito y cierro los ojos.

Con vertiginosa cadencia, veo desfilar ante mis ojos cerrados a un grupo de pensadores que desde distintas ópticas prosiguieron la siempre incompleta e interminable reflexión sobre la salud humana. Sus nombres acuden a mi memoria acompañados por la maravillosa voz de Françoise Hardy que se ha apagado cuando estas páginas estaban naciendo, y quiero creer que todos ellos pertenecen a ese grupo de «amigos que han venido de las nubes con el sol y la lluvia como único equipaje». Distingo en primer lugar a Aristóteles y a Galeno, grandes seguidores de los postulados de Alcmeón e Hipócrates, pero enseguida se acercan Avicena, Averroes, Leonardo, Paracelso, Servet, Vesalio, Harvey, Lavoisier y muchos otros a los que no reconozco, hasta que finalmente comparece ante mí Claude Bernard, uno de los principales protagonistas en mi particular historia de la búsqueda de las claves de la salud.

CAPÍTULO 4

La sabiduría del cuerpo

Una gélida mañana de febrero salgo de nuestro laboratorio ubicado en el centro Les Cordeliers de la Universidad de la Sorbonne y recorro unos pocos metros por la rue de l'École de Médecine hasta llegar al bulevar Saint-Michel. Me detengo en un semáforo en rojo a la altura de la mítica librería Gibert Joseph, un espacio bien conocido en la ciudad por los miles de libros usados que se ponen a la venta en el exterior y crean una grata atmósfera de mercadillo literario ajeno al paso del tiempo. Con imaginación extrema, creo ver entre los curiosos exploradores de libros a Amélie Poulain, a la que de vez en cuando me encuentro por las calles de París y cuya presencia también me recuerda a otro tiempo, ese que navega nota a nota por *Comptine d'un autre été* y plano a plano por la cautivadora película que narra el «fabuloso destino» de esa criatura inocente y angelical.

Como siempre que paso junto a esta librería, se instala una franca sonrisa en mi rostro cuando rememoro la brevísima conversación que allí mismo mantuvieron Gabriel García Márquez y Ernest Hemingway un día lluvioso de la primavera de 1957. El entonces joven escritor y periodista colombiano venía paseando por el bulevar desde el Jardín de Luxemburgo y de pronto reconoció en la acera de enfrente a un distraído Hemingway que caminaba con su mujer en dirección contraria. Durante un instante García Márquez dudó entre hacer una entrevista al Nobel norteamericano o atravesar la calle para expresarle su admiración personal. Al final, y tras unas simples y rápidas consideraciones derivadas de su pobre dominio del inglés, Gabo pasó a la acción: «Me puse las manos en bocina, como Tarzán en la selva, y grité de una acera a la otra: "Maeeeestro". Ernest Hemingway comprendió que no podía haber otro maestro entre la muchedumbre de estudiantes, y se volvió con la mano en alto, y me gritó en castellano con una voz un tanto pueril: "Adióóóós, amigo"».

Tres sencillas pero profundas palabras —*maestro*, *amigo* y *adiós*— sellaron este único y fugaz encuentro (bulevar por medio) entre dos geniales escritores que a través de la lectura adolescente de sus libros influyeron decisivamente en mi manera de entender la vida, la enfermedad y la muerte. Mientras pensaba en todo esto, todavía con la sonrisa puesta en mi cara, por Amélie, por Gabriel y por Ernest, el semáforo se puso en verde, crucé la calle y seguí avanzando por la rue des Écoles hasta llegar al número 40. Allí, en una típica edificación parisina, ubicada justo enfrente del prestigioso Collège de France, vivió y murió Claude Bernard, el fundador de la medicina experimental.[1]

Claude había nacido en 1813 en el seno de una familia de viticultores en la región del Beaujolais francés, pero tras completar su formación escolar se trasladó a Lyon para trabajar como mancebo de farmacia. Su mayor responsabilidad laboral era recoger los residuos de los elixires y ungüentos que preparaba el maestro boticario para después usarlos en la elaboración de la triaca, una pócima milagrosa compuesta de todo tipo de desechos farmacéuticos que, mezclados con restos de opio, vino y miel, tenía la aparente virtud de curar innumerables males y dolencias. Sin embargo, la verdadera pasión de Claude Bernard era la escritura y a ella dedicó sus mejores esfuerzos juveniles, que acabaron por concretarse en una obra de teatro titulada *La rose du Rhône*, con la que alcanzó un cierto éxito popular pese a que nunca se llegó a imprimir.

Animado por la acogida de las representaciones de su primera obra, el joven Bernard decidió perseguir su sueño y viajar a París, la bella e inspiradora ciudad donde acaban por converger quienes aspiran a abrirse camino en el mundo del arte y de la literatura. Sin embargo, su ambición pronto quedó truncada cuando el reputado profesor y crítico literario Saint-Marc Girardin leyó su segundo manuscrito y le recomendó sin ambages ni medias tintas que se dedicara a otros menesteres. Sorprendentemente, fue el propio profesor Girardin quien determinó finalmente la vocación de Claude Bernard y, en un ejemplo más de que las decisiones más importantes de nuestras vidas las toman otros en lugar de nosotros, tras conocer su trabajo previo en el ámbito farmacéutico, le sugirió que se dedicara a estudiar Medicina y que en sus ratos libres escribiera lo que le apeteciera. Nunca un consejo fue tan acertado en todas sus dimensiones, pues con el transcurso del tiempo el joven dramaturgo Bernard se convirtió en uno de los médicos más importantes en la larga historia de esa *physiologia* inaugurada más de dos mil años antes por los antiguos sabios griegos. Además, el doctor Bernard escribió —nunca dejó de hacerlo—, y sus textos científicos mostraban tanta elegancia y profundidad que a los cincuenta y cinco años alcanzó la categoría de inmortal al ser invitado a ocupar uno de los cuarenta sillones de la Academia Francesa. En un soberbio quiebro del destino, el propio profesor Girardin, que tres décadas antes le había disuadido de sus inquietudes literarias y era miembro de la Academia desde 1864, pudo ofrecer al profesor Bernard una emocionada bienvenida a esa gran casa de las letras francesas.

Como tantas veces sucede en las biografías de los genios de la historia, los inicios profesionales de Claude Bernard no fueron nada sencillos, ya que formaba parte del grupo de los que para mí siempre han sido *estudiantes dispersos*: jóvenes dotados de un gran talento, pero completamente desinteresados de todo lo que no les resultara atractivo, incluido el hecho de estudiar un mínimo para poder aprobar los exámenes. Curiosamente, a lo largo de mis casi cuarenta años de profesor universitario, estos alumnos dispersos han representado un estímulo extraordinario para mi labor docente y algunos han llegado a convertirse en brillantes investigadores de los que me siento profundamente orgulloso. En algún momento, Claude decidió centrarse lo suficiente para completar sus estudios y consiguió, no sin dificultades, una plaza de interno en el hospital Hôtel-Dieu, el más antiguo de París. Allí, conoció a un profesor llamado François Magendie, que iba a cambiar su destino.

El profesor Magendie era excesivo en todo, apasionado y escéptico, crítico y polémico, pero sus atípicas clases, en las que sometía las hipótesis a validación experimental en medio del aula y con procedimientos que hoy no superarían los imprescindibles códigos éticos, encendieron el deseo de Claude Bernard de descubrir las leyes de la fisiología. Pese a que sus resultados académicos nunca habían sido los mejores, la destreza de Claude en el laboratorio no pasó inadvertida al doctor Magendie, quien, para sorpresa de sus compañeros, escogió al alumno Bernard, primero como ayudante y después como asistente principal. Sus caracteres eran completamente opuestos, el volcánico y exagerado Magendie frente al metódico y mesurado Bernard; discreparon muchas veces, pero trabajaron juntos durante más de una década y, cuando el profesor Magendie se retiró en 1852, Claude Bernard le sucedió en la cátedra de la Sorbonne y al frente del laboratorio del Collège de France. Desde entonces, su actividad fue efervescente y deslumbrante.

Los primeros trabajos importantes de Claude Bernard tuvieron lugar en el ámbito del metabolismo y condujeron al descubrimiento de la síntesis de la glucosa en el hígado a través de un proceso llamado gluconeogénesis hepática. Hasta entonces, se creía que la denominada materia azucarada provenía exclusivamente de la absorción directa de los alimentos de la dieta. Por tanto, el hallazgo de que el hígado era el órgano en el que se fabricaba y almacenaba el combustible celular para después verterlo a la sangre cuando era requerido cambió para siempre nuestra visión del metabolismo de los hidratos de carbono y de enfermedades como la diabetes que nos han acompañado desde que Pandora abrió la caja que portaba todos los males del mundo. Además, este trabajo permitió a Claude Bernard obtener su título de doctor en Ciencias Naturales ante un tribunal formado por médicos, zoólogos, botánicos y el escritor Alejandro Dumas, el mismo que entretuvo nuestra adolescencia con las aventuras y desventuras del mosquetero D'Artagnan y del conde de Montecristo. De hecho, la composición del tribunal de tesis en Ciencias Naturales de Claude Bernard es uno de mis ejemplos favoritos de que es posible derribar el muro que separa a las dos culturas, las ciencias y las humanidades, y admitir que la subdivisión del conocimiento en parcelas es simplemente un reflejo de nuestra ignorancia y de nuestras insuficiencias.

Claude Bernard investigó muchos otros aspectos de la fisiología, incluyendo el sistema nervioso, la coagulación de la sangre, la respiración, el tono muscular, la inflamación y la actividad de los venenos, desde el monóxido de carbono hasta el curare usado por las tribus amazónicas, y llegó a ser un auténtico *todólogo* interesado en cualquier cuestión relacionada con la salud y la enfermedad. Paso a paso, experimento a experimento, Claude Bernard fue esculpiendo en su mente una idea integradora sobre las claves de la vida y de la salud que culminó con lo que a mi juicio es su contribución fundamental a la medicina: la definición del concepto de la **constancia del medio interno** (*milieu intérieur*). De acuerdo con las ideas de Bernard, todas las funciones vitales tienen como objetivo central mantener la estabilidad del ambiente en el que viven las células del organismo, bañadas por la sangre y por los líquidos que dependen de ella, y que configuran «un mar cerrado y uniforme en donde evolucionan los principios de la vida». Cualquier variación que se produzca en nuestro cuerpo trata de ser compensada de inmediato con el fin de mantener la constancia del medio interno, ese equilibrio interior al que más tarde Walter Cannon bautizó como «homeostasis, la sabiduría del cuerpo».

En definitiva, tras muchos siglos de doctrinas y pensamientos biológicos presididos por el vitalismo o el mecanicismo, parecía claro que los seres vivos creaban las condiciones precisas para su propia supervivencia, y para ello nada mejor que mantener la homeostasis. Por eso, **la salud es la sabiduría del cuerpo**. Todas las criaturas vivas construyen, protegen y reparan sin reposo su universo más íntimo, el conformado por su propio mundo interior. Solo así se explica que podamos sostener durante tantos años el delicado equilibrio consustancial a la vida y evitar que sea tan precario como el ilustrado por Joan Miró en su cuadro del vuelo de la libélula frente al sol, o por René Magritte cuando quiso sostener la mítica torre inclinada de Pisa con la liviana pluma de un ave.

Tras muchos años de trabajo incansable desarrollado en laboratorios completamente insalubres, el propio medio interno de Claude Bernard comenzó a resentirse y dejó de responder a las continuas llamadas en busca del equilibrio perdido. En 1860, sus graves problemas de salud le obligaron a retirarse durante dos años a Saint-Julien, su pueblo natal, donde encontró «entre colinas y un mar de viñas» la tranquilidad necesaria para reflexionar sobre sus logros en el ámbito de la fisiología y recapitularlos en su obra más conocida, *Introducción al estudio de la medicina experimental*. Este libro le otorgó un gran reconocimiento académico, científico y social, y le procuró numerosos honores de todo tipo, incluyendo el nombramiento de senador del Imperio por decisión de Napoleón III. El propio emperador lo recibió en persona y quedó tan fascinado con su conversación que mandó construir para él un nuevo laboratorio en el Museo de Historia Natural, ubicado en el bellísimo Jardin des Plantes, un lugar en el que también he tenido la suerte de disfrutar de momentos inolvidables de serenidad y armonía molecular. Napoleón III se emocionó tanto con Claude Bernard que ordenó a su ministro de Educación que le diera «todo lo que pidiera», ante lo que el sencillo y humilde Claude solo acertó a decir: «Bueno, deme un ayudante»; conversación que me recuerda nítidamente unos hechos semejantes que llegué a vivir más de un siglo después en mi propio medio externo. La modesta petición de Claude fue concedida, pero, cuando llegó el momento de equipar el nuevo laboratorio, su solicitud de subvención recibió una memorable respuesta imperial: «Veo que los costes de la fisiología son tan elevados como los de la artillería». Reflexiono sobre estas palabras napoleónicas y me doy cuenta de que el joven novelista colombiano que saludó al maestro Hemingway en el bulevar Saint-Michel era también un gran clarividente, pues tenía toda la razón cuando años más tarde dijo que «el tiempo no pasa, solo da vueltas en redondo».[2]

El 10 de febrero de 1878, en esa casa de la rue des Écoles, a la que ese mismo día, pero ciento cuarenta y cinco años después, me acerqué paseando desde mi laboratorio parisino, el frágil medio interno de Claude Bernard se rindió definitivamente y su incierta homeostasis lo abandonó para siempre. Tras su muerte se decretaron grandes honores nacionales en recuerdo del ilustre profesor, incluyendo la celebración —por primera vez para un científico— de un funeral público, al que acudieron tantos miles de personas que fue preciso trasladar la sede de los oficios fúnebres desde la iglesia de Saint-Séverin a la de Saint-Sulpice. Son incontables las veces que he caminado por la plaza donde se ubica esta magnífica iglesia y me he sentado a escuchar el sonido del agua que se desliza con exquisita elegancia por las paredes de la fuente central de la plaza. La contemplación de las cambiantes formas que con ayuda del viento dibuja el agua en su caída actúa siempre en mí como un recordatorio del concepto de equilibrio dinámico que creó Claude Bernard, el modesto ser humano que fue honrado tan masivamente en ese lugar cuando se despidió de la vida.

Su trabajo nos ayudó a entender que **la salud es la homeostasis**, la búsqueda interminable del equilibrio del medio interno mientras navegamos al albur de un medio externo que siempre compromete la armonía que necesitamos para sobrevivir. Imaginando los miles de personas que acudieron a mostrar sus respetos al talento de un hombre sencillo, también recuerdo a otro gran representante de la Ilustración francesa, el escritor y pensador Voltaire, que en 1727 asistió al funeral de Isaac Newton en la abadía de Westminster londinense. Tras regresar a París, el dramaturgo francés manifestó su admiración por el hecho de que los restos del «último de los magos», que fue capaz de deshilvanar el arco iris, fueran despedidos de una manera tan conmovedora como multitudinaria: «Inglaterra honra a un matemático de la misma manera que los súbditos de otras naciones honran a un rey». Sin duda, Voltaire se hubiera sentido orgulloso de haber sabido que, mucho tiempo después, Francia iba a ofrecer una despedida semejante al gran profesor de Fisiología y aprendiz de dramaturgo Claude Bernard.

Tal vez algunos lectores de estas páginas desconozcan la dimensión de la figura de Claude Bernard, ya que no ocupa un lugar elevado en la pirámide de la fama y, salvo en ámbitos médicos y científicos, su influjo parece haber quedado lejos del logrado por otros grandes de la ciencia francesa y universal como Louis Pasteur, que asistió como alumno a alguno de los cursos del profesor Bernard en el Collège de France y expresó bellas y sentidas palabras tras su muerte. Sin embargo, en el contexto de este libro, Claude es una figura esencial por haber sido capaz de otorgar realidad experimental a conceptos acuñados por los antiguos griegos, sembrando así las semillas del futuro en torno a nuestra percepción de la salud. No en vano, sus ideas sobre el equilibrio interno y la homeostasis trascendieron la fisiología y la medicina, y hoy se usan ampliamente en muchas otras disciplinas, desde la economía hasta la inteligencia artificial.*

En definitiva, el doctor Claude Bernard no ejerció la medicina con sus propias manos, pero contribuyó a su transformación en las aulas y en los laboratorios al promover la introducción de las ciencias básicas en los estudios médicos y la transición de una disciplina basada en la eminencia personal a otra fundamentada en la evidencia experimental. Sus palabras en este sentido son muy reveladoras: «Considero el hospital como una antesala de la medicina científica, como el primer campo de observación en que debe entrar el médico; pero el verdadero santuario de la medicina científica es el laboratorio». El profesor Bernard nos legó también una excepcional hoja de ruta metodológica para guiar a quienes deseen aprender el arte de investigar. Sus postulados se pueden resumir en una hendíatris* de tres elementos perfectamente interconectados: observar, experimentar y razonar. Según Bernard, «la observación muestra los hechos, la experimentación instruye sobre ellos y el razonamiento extrae las conclusiones que facilitan los avances médicos». Por supuesto, nada de esto sería posible sin el concurso de valores como la imaginación, la curiosidad y la intuición, todos ellos imprescindibles para elaborar las hipótesis que nos permitan avanzar en el conocimiento de nuestro universo minúsculo, el que se cobija en el interior de nuestro organismo y hace posible cada instante de nuestra vida.

Acababa el siglo XIX y el escenario estaba ya preparado para que unos pocos seres humanos dieran pasos fundamentales en esta larga búsqueda de las claves científicas de la salud y de la enfermedad. Curiosamente, la muerte de Claude Bernard coincidió con matemática sincronía con el nacimiento de otro de los gigantes de la ciencia, tal vez el más grande de todos ellos, Albert Einstein, que vino al mundo un año, un mes y un día después de la desaparición del profesor Bernard y llegó a ser un violinista errante cuya imaginación, curiosidad e intuición cambiaron nuestra manera de entender el espacio y el tiempo. Es emocionante recordar una vez más que las respuestas fundamentales para el conocimiento de las claves de la vida, y por ende de la salud y de la enfermedad, iban a venir precisamente de la mano de un grupo de físicos que, siguiendo la estela de Einstein y de otros exploradores del universo mayúsculo, se plantearon las preguntas biológicas definitivas y llegaron a respuestas tan sencillas como deslumbrantes: **la vida viene de la vida**.

CAPÍTULO 5

La vida viene de la vida

La mañana del lunes 24 de octubre de 1927, los huéspedes del lujoso hotel Metropole de Bruselas quedaron sorprendidos con la sucesiva llegada al salón de desayunos de los veintinueve componentes de un curioso colectivo humano que había sido invitado a aquel antiguo palacio para participar en una reunión científica: la V Conferencia Solvay. El gran inspirador de estos congresos había sido Ernest Solvay, un empresario belga sin ninguna formación académica que había decidido invertir su considerable fortuna en financiar el conocimiento científico. Con este propósito, fundó en primer lugar varios institutos de investigación que cubrían distintas disciplinas, desde la fisiología y la química a la sociología y la física, y a partir de 1911 decidió ampliar sus actividades filantrópicas organizando simposios internacionales a los que pudieran acudir las mentes más brillantes de la época.[1]

La quinta edición de estas conferencias prometía superar a todas las anteriores, pues, una vez allanadas las graves diferencias surgidas entre científicos procedentes de distintos países a causa de la Primera Guerra Mundial, el Congreso Solvay iba a reunir bajo la presidencia del neerlandés Hendrik Lorentz a los más destacados físicos del momento, incluyendo a Albert Einstein, Niels

Bohr y Werner Heisenberg, quienes casi un siglo después serían protagonistas de la emocionante película que lleva por título *Oppenheimer*. Entre todas esas mentes prodigiosas tan solo había una femenina, la de Marie Skłodowska; una mujer extraordinaria, inteligente, libre y fuerte que, tras sufrir graves eclipses emocionales en dos etapas distintas de su vida, pasó a la historia de la ciencia con letras doblemente mayúsculas.[2]

Imagino la curiosidad que suscitaron durante su estancia en el hotel belga aquellos brillantes huéspedes ávidos de discutir en sus salones sobre los avances experimentados por una disciplina compleja y controvertida: la mecánica cuántica. Niels Bohr y Albert Einstein encabezaron dos posiciones antagónicas que el primero resumió así: «¿Deberíamos considerar que la descripción que ofrece la mecánica cuántica agota todas las posibilidades de explicación de los fenómenos observables, o deberíamos, como propugna Einstein, llevar el análisis más allá para obtener una descripción más completa de tales fenómenos?». Einstein rechazaba la idea de que en su nivel más profundo la naturaleza estuviera dirigida por el azar y lo expresó con una frase que ha pasado a la historia: «Estoy convencido de que Dios no juega a los dados con el universo», a lo que Bohr replicó: «Einstein, deja de decirle a Dios lo que tiene que hacer». Hoy no tenemos aún una respuesta definitiva a esa pregunta, aunque los argumentos en favor de la postura del danés Bohr y de la llamada interpretación de Copenhague prevalecieron durante décadas, pues se consideró que tal vez fuera cierto que ese dios einsteniano presente en la armonía de las leyes del universo, de vez en cuando, jugaba a los dados. En medio de estos intensos debates, inalcanzables para la mayoría de los mortales, el fotógrafo Benjamin Couprie propuso una tregua y se ofreció a hacer un retrato de familia que inmortalizara a estos inteligentes y vehementes personajes.

Con paciencia, pero también con firmeza, Benjamin fue distribuyendo en tres filas a los veintinueve sabios, sin dejarse amedrentar por la impresionante circunstancia de que una buena parte de ellos hubieran recibido el Premio Nobel, honor que en el caso de Marie Skłodowska superaba todo lo imaginable, pues ya había sido galardonada con este premio dos veces y en dos categorías distintas, la Física y la Química. Finalmente, con impaciencia, pero también con delicadeza, el fotógrafo presionó el disparador de su máquina de retratar y captó una imagen que es historia y ha quedado para la historia. Los genios que aparecen en ella no hacen nada por desmentir los estereotipos de su condición: la mayoría se muestran como seres serios, severos y distantes, ataviados con ropas oscuras; en la primera fila se distingue muy claramente la icónica figura de Einstein, que ya era una celebridad en aquel momento, aunque no lucía todavía esa blanca melena indómita con la que pasó a la posteridad. A su derecha aparece el anciano profesor Lorentz y, una silla más allá, la propia Marie, con expresión cansada y mostrando ya las primeras huellas de una enfermedad que le causaría la muerte unos pocos años más tarde. Esta fotografía, que se ha llegado a definir como el equivalente en blanco y negro del maravilloso y luminoso fresco de *La escuela de Atenas* pintado por el gran melancólico Rafael Sanzio, es para mí un auténtico símbolo científico y social, y por ello la he utilizado muy a menudo en mis clases y en mis conferencias.

Sin duda, este retrato colectivo refleja el talento humano, aquí concentrado en su máxima expresión, pero también demuestra el intolerable desequilibrio social consentido en una época en que la ciencia era cosa de hombres; frase esta última que siempre resuena en mi mente con el eco de un viejo y gastado mensaje publicitario. Notablemente, además de todas estas lecturas, la imagen captada por Benjamin Couprie ofrece un elemento de interés adicional, probablemente desconocido por muchos, pero que representa el punto de partida de mis cursos de Biología Molecular y devuelve el hilo argumental a este libro. Para detectarlo, basta con mirar de nuevo la icónica fotografía y reparar en el joven científico que ocupa el centro de la última fila, con traje claro y pajarita oscura, y portador de un nombre evocador (y no solo por la paradoja del gato que lleva su nombre): Erwin Schrödinger.

En aquel tiempo, y pese a su juventud, Erwin ya era un reconocido campeón de la física, que contaba en su haber con la reciente formulación de la «ecuación de onda de Schrödinger», de suma importancia porque permite explicar el comportamiento de los sistemas cuánticos en términos prácticos. Lógicamente, esta ecuación le garantizó la invitación a formar parte del selecto club de los «veintinueve de Solvay» y, seis años más tarde, la concesión del Premio Nobel de Física. La vida de Schrödinger no fue nunca lineal ni convencional, y el paso del tiempo ha ido apagando luces y añadiendo sombras a su biografía; sin embargo, su presencia en este relato deriva de un pequeño libro que publicó en 1944 con un título muy breve, formulado no en cuatro letras, pero sí en cuatro palabras: ***¿Qué es la vida?*** En sus pocas páginas, surgidas de los apuntes de unas conferencias de divulgación científica ofrecidas el año anterior en el Trinity College de Dublín, aportaba dos propuestas fundamentales: la vida sigue necesariamente las leyes conocidas de la termodinámica y la herencia biológica se basa en la existencia de un código molecular complejo y no repetitivo, al que dio el impreciso nombre de «cristal aperiódico».

Esta obra creada por un físico teórico que carecía de formación en el ámbito de la medicina y de la biología supuso un punto de inflexión para muchos científicos, mayoritariamente físicos, que habían comenzado a percibir que el extraordinario progreso alcanzado por su disciplina se había vuelto en contra de la propia humanidad, hasta el punto de desembocar en el desarrollo de armas atómicas con un inconcebible poder de destrucción. El desencanto y la desolación alcanzaron su cota máxima al compás de las explosiones nucleares en Hiroshima y Nagasaki, acontecidas apenas unos meses después de la publicación del provocador libro de Schrödinger.

Comenzó así con urgencia y con efervescencia la búsqueda de las leyes físicas y químicas que posibilitan la vida, de los códigos que determinan la herencia biológica y de los mecanismos homeostáticos que nos regalan salud. Inmediatamente, Oswald Avery descubrió que el ácido desoxirribonucleico (ADN)* era la macromolécula portadora del material genético en la inmensa mayoría de los seres vivos, y solo hizo falta un poco más de tiempo para que, en la primavera de 1953 y estimulados por el libro de Schrödinger, tres jóvenes científicos —Rosalind Franklin (química experta en técnicas de difracción de rayos X), James Watson (biólogo con especial pasión por la ornitología) y Francis Crick (físico implicado en el desarrollo de minas antisubmarino)— descifraran la estructura en doble hélice del ADN y desvelaran los secretos moleculares fundamentales de la vida. La clave decisiva para este paso crucial hacia la derrota del pensamiento mágico que nos había acompañado desde nuestro origen como especie la ofreció una extraordinaria fotografía tomada por Rosalind y conocida como la «imagen 51». En ella no aparecen seres humanos brillantes e inspiradores como los «veintinueve sabios de Solvay», sino las bellas geometrías generadas por un modesto cristal de ADN tras ser bombardeado no con un artefacto repleto de uranio o plutonio radiactivos, sino con un flujo de rayos X.

Tal como he relatado en detalle en *La vida en cuatro letras*, Watson y Crick, tras examinar la imagen 51 de Franklin, abordaron una serie de experimentos que condujeron a la conclusión de que la vida se escribe en un código molecular de cuatro letras que designan cuatro componentes químicos: A de adenina, C de citosina, G de guanina y T de timina. Además, determinaron que la A se asocia con la T y la C forma pareja con la G. Así, nuestra vida se construye con una larga hebra de más de tres mil millones de parejas de estas letras químicas, que ocupan alrededor de dos metros en cada una de nuestras diminutas células, las cuales deben empaquetarse cuidadosamente en el minúsculo núcleo celular tras distribuirse en los veintitrés pares de cromosomas* que albergan nuestros veinte mil genes.* En suma, aprendimos definitivamente que **la vida es información**, una ingente masa de información biológica. Todos los seres vivos somos los afortunados portadores de unas instrucciones escritas en un lenguaje conformado por una vocal y tres consonantes que, combinadas millones o miles de millones de veces, proporcionan los datos precisos para iniciar y desarrollar cada una de las historias vitales que han acontecido, acontecen y (probablemente) acontecerán en nuestro planeta de los microbios y los genes.

Además, y de manera prodigiosa pero no inesperada, esta elegante estructura helicoidal llevaba implícita en su esencia molecular algo tan extraordinario como el mecanismo de la herencia biológica. La clave de este misterioso fenómeno, inaccesible a la comprensión humana durante siglos y siglos, y todos los siglos hasta entonces, no era otra que la unión de dos hebras helicoidales de ADN mediante enlaces químicos tan débiles como dinámicos y específicos, de forma que cada A presente en una de las hebras se emparejará con una T de su complementaria y, análogamente, cada C de una hebra con una G de la otra. Así, a partir de una molécula utilizada como molde, siguiendo estas sencillas reglas de atracción vital y para nada fatal, se podrán generar dos moléculas iguales a la progenitora, y cada una estará construida con una hebra vieja y una hebra nueva. Cada hebra se mira al espejo, interpreta un *Spiegel im Spiegel* (espejo en el espejo) de Arvo Pärt y, una y otra vez, construye otra igual. El pasado y el futuro estrechamente abrazados, y Charles Darwin y Alfred Wallace definitivamente reivindicados, a través de una elegante y colosal molécula helicoidal. Sin duda, este mecanismo de almacenamiento y duplicación del material genético proporcionaba sentido molecular a las ideas darwinianas sobre la evolución biológica y definía la naturaleza del hilo nucleotídico que a todos nos une, incluso a los que no lo saben o no lo desean. Atrás quedaron leyendas biológicas como la del árbol de los gansos propagadas por los viajeros y exploradores que ensancharon nuestros horizontes, pero alimentaron nuevas fantasías sobre el origen de la vida. En suma, de la mano de la ciencia y de la curiosidad, y sin invocar ninguna ley sobrenatural, por fin supimos la verdad: **la vida viene de la vida**.

El estudio detallado de todos estos procesos químicos y biológicos impulsó la generación de un aluvión de datos sobre la manera en que se almacena, transmite y expresa la información genética. Al amanecer del nuevo milenio, las eficientes técnicas de biología molecular, que ya permitían aislar, fragmentar, recombinar, editar y multiplicar el ADN de manera casi ilimitada, facilitaron el desarrollo de grandes proyectos genómicos que nos ofrecieron una innovadora dimensión sobre la salud, la diversidad y la enfermedad. Desde entonces, miles de seres humanos han recibido un valioso regalo: las secuencias de los tres mil millones de piezas nucleotídicas que conforman su genoma y en las que se han subrayado en rojo las variantes o mutaciones que causan patologías muy diversas, desde el omnipresente cáncer hasta los minoritarios síndromes hereditarios.

En paralelo, se ha avanzado en la lectura de los distintos mensajes *ómicos* inscritos en nuestro organismo y en la cuantificación de los marcadores celulares y moleculares que los sustancian y concretan. Entre los determinantes de la gramática biológica seguimos considerando el genoma como el primer gran lenguaje de la vida, pero también debemos incorporar los datos de otros lenguajes extraordinariamente ricos como el varioma, el epigenoma y el metagenoma. El varioma nos informa de la diversidad genómica entre dos individuos de una especie, que en nuestro caso alcanza hasta cinco millones de variantes o polimorfismos* que configuran o modulan nuestros talentos, capacidades y peculiaridades, pero también nuestra susceptibilidad a unas u otras enfermedades. Los códigos epigenéticos definen la manera en que se manifiesta la información genómica y surgen de cambios químicos reversibles y dinámicos —como la metilación del ADN o las modificaciones de las proteínas empaquetadoras del ADN— que, actuando a modo de tildes, puntos, comas o diéresis, otorgan sentido gramatical al mensaje genético. Estos cambios epigenéticos pautan los ritmos biológicos al determinar qué genes se expresan y cuáles adoptan el silencio de Epidauro, al tiempo que son testigos fieles del continuo diálogo del genoma con el ambiente en el que fluye nuestra propia vida. Finalmente, el metagenoma o microbioma* ha alumbrado la sorpresa de que nuestra cálida anatomía —construida por más de treinta billones de células humanas— acoge a otros tantos billones de entidades celulares inhumanas derivadas de microorganismos que conviven en perfecto equilibrio con nosotros y construyen esa exuberante «vida bajo nuestra vida» tan bellamente descrita por Amanda Gorman en su poemario *Mi nombre es nosotros*. La pérdida de esta singular simbiosis conduce a un estado patológico llamado **disbiosis**,* cuyo estudio detallado ha comenzado a ofrecer nuevas ideas para afrontar alguna de las enfermedades crónicas y comunes que hoy nutren el poblado censo de los males del mundo.

Este inmenso caudal de conocimiento científico alcanzado en pocos años, tan esencial para todos como abstracto para la mayoría, surgió en gran medida de estudios muy básicos protagonizados por seres singulares, expertos en disciplinas muy diversas y cuyo trabajo estaba motivado por el placer de aprender y enseñar, sin esperar mucho más reconocimiento que la obtención del propio conocimiento. Todos ellos demostraron una vez más la profunda verdad de la fantástica «utilidad del conocimiento de lo inútil» que nos enseñaron Abraham Flexner y Nuccio Ordine.[3] Así, y de nuevo paso a paso y verso a verso, el largo viaje de exploración *genonáutica* por nuestro desconocido mar interior nos ha recompensado con soluciones moleculares concretas, aunque nunca definitivas, a la compleja pregunta de qué es la vida. Con esta información asentada en nuestra mente, en los siguientes capítulos avanzaremos hacia la búsqueda de posibles respuestas científicas a la no menos compleja cuestión de **qué es la salud**.

CAPÍTULO 6

El pueblo en demanda de salud

En la primavera de 1953, mientras James Watson y Francis Crick celebraban en el pub Eagle de la ciudad inglesa de Cambridge su descubrimiento del *secreto de la vida*, al otro lado del océano un pintor mexicano de figura tan desmesurada como su nombre se esforzaba por componer una maravillosa oda al eterno afán humano de buscar la salud y enfrentarse a la enfermedad. Diego María de la Concepción Juan Nepomuceno Estanislao de Rivera y Barrientos Acosta y Rodríguez, más conocido como Diego Rivera, había recibido dos años antes el encargo de pintar un gran mural para el recién construido Hospital de la Raza en la Ciudad de México.[1] Diego, un artista con gran compromiso social, aceptó de inmediato la oferta y se dispuso a iniciar la elaboración de una obra que tituló *El pueblo en demanda de salud*.

La decisión de afrontar este complejo proyecto creativo estuvo probablemente influida no solo por el reto artístico que representaba para Diego Rivera, sino porque, en aquel tiempo, su pareja en la vida y en el arte, la genial Frida Kahlo, estaba afrontando la última y definitiva etapa de su particular batalla contra sus más fieles compañeras vitales: la adversidad y la enfermedad. Apoyado en su larga experiencia en el arte de la pintura mural al fresco, Diego comenzó a pintar un impactante relato visual sobre otro arte, el arte de curar, que destilaba un profundo simbolismo mitológico, histórico, científico y social. La escena está presidida por Tlazoltéotl, la diosa azteca de la medicina, pero también la deidad de la sexualidad y de la fertilidad. A la derecha, y enmarcadas por un árbol amarillo con hojas verdes, se representan la medicina y la cultura precolombinas, mientras que, en la mitad izquierda, flanqueada por un árbol rojo del que nacen frutos en forma de corazón, se recrea la medicina contemporánea. La parte superior del mural se cierra con un vibrante cielo azul donde conviven el sol y la luna, mientras que en su base se muestran dos grandes serpientes que parecen reptar desde los extremos del mural hasta converger en una cabeza central que simboliza la vida y la muerte, esa dualidad que resume los dos conflictos esenciales asociados a nuestra propia humanidad.

En la sección del mural correspondiente a la medicina antigua se compaginan ritos mágicos y de adivinación con trepanaciones craneales, intervenciones oculares y cardiacas, extracciones dentales, entablillados de fracturas, enemas evacuantes, sutura de heridas, aplicación de ungüentos dermales y administración de tratamientos contra el cáncer. Además, se observa cómo una comadrona atiende a una parturienta y susurra al recién nacido unas palabras de bienvenida al mundo, mientras que unos niños con cuerpos dañados por la poliomielitis y el raquitismo se acercan a Tlazoltéotl para ofrecerle cacao (su bien más preciado) y rogarle que con su gran escoba barra los males que comprometen sus vidas.

La elección de estas patologías como ilustraciones de la enfermedad no parece casual, ya que Frida Kahlo contrajo la poliomielitis de niña y sufrió sus efectos toda su corta vida, mientras que el propio Diego Rivera padeció de raquitismo neonatal, aunque luego lo compensó ampliamente con una estrategia vital llena de excesos. Curiosamente, esta imagen ritual de los niños ante la diosa de la salud se conjuga en el mural con otra sección que ensalza el conocimiento tradicional, de modo que bajo la figura central de la diosa aparecen casi doscientas ilustraciones del Códice Badiano, un manuscrito azteca de 1552 en el que se describen las aplicaciones médicas de numerosas hierbas medicinales. Este homenaje a un tratado de conocimientos antiguos en torno a la salud se completa con la representación de un temazcal (del náhuatl *temazcalli*, «casa donde se suda»), un claro precursor de las saunas que hoy forman parte del paisaje de las nuevas intervenciones naturales para mejorar nuestra salud.

En la parte del mural dedicada a la medicina moderna se crea un mundo simétrico al de la medicina tradicional, en el que se representan las mismas enfermedades, pero enfatizando los avances clínicos y tecnológicos que han permitido el desarrollo de nuevos tratamientos. El abigarrado universo de imágenes recoge una amplia muestra de la cartera de servicios hospitalarios de esa época, en la que no faltan las transfusiones sanguíneas, los electrocardiogramas, los electroencefalogramas, las vacunaciones, las cesáreas para ayudar a las parturientas y la radioterapia para tratar a las pacientes con cáncer de mama. Las descripciones de plantas medicinales y aromáticas de la parte clásica dejan ahora paso a las investigaciones basadas en el empleo de microscopios y técnicas cristalográficas para definir las características de nuevos elixires de salud, incluida una tabla en la que aparecen vitaminas tales como la tiamina, el ácido ascórbico, la riboflavina o la nicotinamida. Curiosamente, y tal como contamos en *El sueño del tiempo*, algunos derivados de este último compuesto están recibiendo una notable atención en la actualidad por su posible valor como suplementos en estrategias avanzadas de extensión de la longevidad.

Con acertado simbolismo, Diego Rivera sustituye los colores cálidos y las figuras dinámicas de la parte médica tradicional mostrada en su obra por imágenes con tonalidades más frías y compartimentadas con líneas rectas horizontales y verticales. Finalmente, el mural se completa en la parte superior izquierda con un conjunto de personajes que reflejan un rotundo mensaje social en torno a la cuestión del cuidado de la salud. Allí aparecen todos los sectores del entramado social: los trabajadores, los empresarios y los políticos. Inmediatamente debajo, se describe la más pura realidad humana, representada por una familia con un padre que ha sufrido un accidente laboral, una madre embarazada y dos hijos pequeños, de los cuales la niña sufre de poliomielitis. La familia demanda salud y la sociedad responde con el conocimiento acumulado durante siglos, buscando el equilibrio entre el pasado y el presente, y mirando hacia el futuro con la confianza de que la ciencia, la tecnología y la cultura permitirán crear un mundo más justo. La poderosa fuerza narrativa del mural de Diego Rivera es una metáfora de la trascendencia que han tenido los movimientos sociales en la mejora de la sanidad pública y a la vez nos sirve como recordatorio de que, setenta años después, su mensaje sigue vigente no solo en México, sino en todo el mundo. De hecho, en la actualidad existen grandes bolsas de pobreza y desigualdad incluso en los países más avanzados tecnológicamente, y millones de seres humanos carecen de acceso a los mínimos servicios sanitarios que garanticen su bienestar y su salud biológica y mental. Sin duda, **la salud es también el fruto de la equidad**.

Miro de nuevo con calma el mural de Rivera y siento la cercanía y la empatía con su mensaje, «el pueblo demanda salud», pero al mismo tiempo me doy cuenta de que esta es una exigencia ingenua porque en teoría es imposible de satisfacer. La salud es ese don tan frágil y provisional como el vuelo de las libélulas que inspiraban a Leonardo y, por tanto, nadie puede decretar el estado de salud. Asimismo, ningún gobierno puede garantizar que va a erradicar nuestra fragilidad y concedernos la invulnerabilidad. Busco una solución para mi propia contradicción y pienso que en todo caso el pueblo debería demandar atención y que, a partir de ahí, habría que avanzar hasta procurarle el máximo bienestar posible. Los dioses menores escogidos para representarnos deberían ofrecernos algún plan para convertir en realidad este deseo, y, entre todas las posibles opciones, ninguna mejor que el conocimiento. Dejo de mirar el mural y me veo a mí mismo en la estación de tren de mi pueblo, a punto de iniciar un largo viaje de conocimiento cuya primera parada será la Universidad de Zaragoza. Sin dificultad y con total nitidez, recuerdo mi ingenuo y firme propósito de dedicar mi futuro a estudiar las claves de la vida y de las enfermedades.

Repaso sin prisa todo lo que he vivido en estas décadas de exploración celular y molecular y me siento orgulloso y agradecido por los extraordinarios avances científicos que he podido contemplar muy de cerca en los laboratorios por los que he transitado. Sumerjo mi pluma favorita en los restos de tinta que todavía quedan en el fondo del tintero de la memoria y comienzo a escribir mi particular *Diario de invierno* austeriano. Poco a poco, van compareciendo uno a uno los momentos especiales, esos que fueron conformando mi vida académica entrelazada con mi vida personal. Escucho en bucle la canción *Alegria* del grupo Antònia Font y su sonido optimista y natural me acompaña durante esta breve recapitulación profesional y emocional. Acaban los acordes de *Alegria* y de pronto siento que, en medio de todo este orgullo por el progreso alcanzado, no logro comprender cómo es posible que haya tanta insatisfacción, tanta desigualdad, tanto desequilibrio, tanta enfermedad, tanta tristeza.

La música de Antònia Font me sigue acompañando, pero la canción ya no es la misma: en lugar de *Alegria* ahora suena *Tristesa.* Hoy, cuando los logros tecnológicos acercan los lejanos mundos y hasta los infinitos multiversos, y algunos dicen con insoportable júbilo que la indeseable inmortalidad está al acecho, la verdad es que estamos inmersos en una ola de desequilibrio entrópico que aleja y separa a las personas que habitan en esos mundos hiperconectados. Sin duda, todo ello ofende a la razón. También sin duda, urge esperar; debemos detenernos para reflexionar y, después, tratar de avanzar de nuevo. Una colección de preguntas acude en tropel hacia mí: ¿de dónde vienen tantas enfermedades?, ¿dónde están Higiea y Tlazoltéotl para tratar de evitarlas?, ¿qué estamos haciendo tan mal para tolerar tanto mal?

CAPÍTULO 7

Los males del mundo

Nací el mismo día que Srinivāsa Rāmānujan, el matemático indio que en la soledad de su fascinante mente conoció el infinito.[1] Tal vez esta simple coincidencia me ayudó a disfrutar desde niño de la magia de los números. Todos me asombran, los naturales y los irracionales, los triangulares y los hexagonales, los solitarios primos y los sociables amigos, los felices como el 7 y los perfectos como el 28, los impensables como el minúsculo *cerocoma* de la profesora Verdú y los casi inconmensurables como el noveno de Dedekind, los famosos como pi, cuyo «cortejo de cifras no se detiene en el margen de un folio, es capaz de prolongarse por la mesa, a través del aire, a través del muro, de una hoja, del nido de un pájaro»,[2] y los prodigiosos como el de Champernowne, que en su interminable cola decimal (0,123456789101112...) contiene todos los números posibles del mundo viajando ordenados y concatenados hacia el infinito de Rāmānujan.

Con este bagaje numerológico y numerofílico, repaso en voz baja los guarismos de la vida y de la salud para que me acompañen en la tarea de poner dimensiones reales a la enfermedad y elaborar el censo de los males del mundo. Me recuerdo a mí mismo que nuestra cálida anatomía acoge a más de treinta billones de células humanas y otras tantas inhumanas, fundamentalmente bacterianas;

que necesitamos ochenta y seis mil millones de neuronas para pensar, sentir y ser; y que toda esta frenética actividad consustancial a la vida es orquestada por unos elegantes genomas que miden dos metros y portan tres mil millones de parejas de piezas nucleotídicas empaquetadas con exquisita delicadeza en cada una de nuestras diminutas células de dos micras de diámetro. A continuación, reviso los últimos datos de la clasificación internacional de enfermedades y causas de muerte (CIE-11 de la OMS) y constato que su número gira en torno a las diecisiete mil, aunque es difícil precisar más porque el censo es tan dinámico como la propia vida. Así, al albur del azar y al compás de los avances médicos y científicos, algunas enfermedades aparecen y otras desaparecen, unas nacen y otras mueren. Tengo en mi memoria patologías tan misteriosas como el contagioso y mortal sudor inglés (*sudor anglicus*) o la epidemia de risa que aconteció en Zanzíbar; afecciones que aparecieron para después marcharse sin dejar rastro, pero generando esa clara sensación de fragilidad y vulnerabilidad ante la enfermedad, la cual alcanzó límites impensables con la reciente pandemia del COVID-19.

Sea como sea, las cifras de las enfermedades del mundo son realmente imponentes, tanto como los números de todo lo asociado al mantenimiento de la vida en el entorno celular y molecular. Unas y otros nos indican con absoluta nitidez que lo verdaderamente milagroso es que estemos sanos y no padezcamos una crisis de homeostasis que nos haga perder la salud; pero sobre todo las cifras de los males del mundo me desatan una profunda corriente de empatía hacia Higiea y Tlazoltéotl, las diosas griega y azteca de la salud, a las que imagino en un continuo sinvivir al verse obligadas a afrontar un extenuante «todo, en todas partes y al mismo tiempo» para tratar de mantener en buen estado físico y mental a los más de ocho mil millones de seres humanos que habitamos todos los rincones del tercer planeta del sistema solar.

Cuántas formas de vivir, tantas como personas en este mundo, y cuántas formas de enfermar y de morir, tal vez tantas como personas también; pero si queremos avanzar hacia la comprensión de la enfermedad, debemos encontrar alguna forma de poner orden en este caos colosal. Con este propósito, vuelvo a abrazar los números y comienzo a practicar con ellos el arte de la estadística. La mejor lección en esta materia es la que recibí de la profesora Wisława Szymborska, galardonada con el Premio Nobel en 1996, aunque no por su trabajo en alguna de las disciplinas puramente científicas. No me resisto a compartir con los lectores un extracto de los apuntes que tomé en aquella inolvidable y metafórica lección magistral: «De cada cien personas, las que todo lo saben mejor: cincuenta y dos; las inseguras de cada paso: casi todo el resto; las prontas a ayudar, siempre que no dure mucho: hasta cuarenta y nueve; las buenas siempre, porque no pueden ser de otra forma: cuatro, o quizá cinco; las dispuestas a admirar sin envidia: dieciocho; las que viven continuamente angustiadas por algo o por alguien: setenta y siete; las capaces de ser felices: como mucho, veintitantas; [...] las que de la vida no quieren nada más que cosas: cuarenta, aunque quisiera equivocarme; las encogidas, doloridas y sin linterna en lo oscuro: ochenta y tres; [...] las mortales: cien de cien. Cifra que por ahora no sufre ningún cambio». Con estas cifras como referencia, trato de avanzar hacia el lenguaje de la patología humana y poner nombre concreto a tanta adversidad.

Me acerco a la Bibliothèque de la Facultad de Medicina de la Sorbonne, donde tantas horas he pasado durante el año veintitrés de este siglo XXI en el que vivimos y que ya se me está haciendo un poco largo. Creo que en esta bella biblioteca estoy en *el lugar correcto* de Natalia Lafourcade, ese «ahora» en el que se encuentra «el silencio necesario para hablar de la verdad que hay en esas simples cosas como respirar». Sin más demora, y en voz baja para no molestar a los estudiantes que ocupan los pupitres, le pregunto al sabio oráculo que habita en las estanterías de la elegante biblioteca sobre las causas de enfermedad y muerte a lo largo de la historia. Como tantas otras veces, su contestación es a la vez sorprendente y estimulante. Leo su lista de respuestas y con una gran sonrisa vuelvo a esos primeros días de clase de cada curso académico en los que, para saber cuál era el punto de partida de la aventura pedagógica que iba a compartir con mis nuevos alumnos, les pedía que definieran con una sola palabra su idea acerca de conceptos tan básicos como vida, muerte, enfermedad o evolución. Guardo como auténticos tesoros sus respuestas en folios enteros en los que sus definiciones de vocablo único navegaban como auténticos náufragos en medio del océano de la hoja en blanco. Así, para ellos la evolución era, entre otras muchas cosas: *ingeniosa*, *inquietante*, *natural*, *infinita*, *asombrosa*, *fascinante*, *apasionante*, *elegante* y *sorprendente*, pero también *cruel*, *inexacta*, *intelectual*, *biotecnológica*, *polimórfica*, *selectiva*, *temporal*, *resistente*, *increíble* e *injusta*.

Con un lenguaje críptico y poético similar al de mis alumnos, la respuesta oracular a mi pregunta sobre la enfermedad me transporta a siglos pasados, pero no muy lejanos, en los que se consignaban como causas de muerte las fiebres nerviosas, el estancamiento de los fluidos, la decadencia de la naturaleza y, ya en el éxtasis del paralelismo con los nanorrelatos de palabra única escritos por mis queridos estudiantes, el susto. Sí, la gente se moría de susto antes y ahora, aunque el nombre haya cambiado y hoy los certificados de defunción hablen de miocardiopatía de estrés, o síndrome de *tako-tsubo*. A continuación, acudo a las estanterías o a los servidores electrónicos donde reposa la literatura científica para ampliar la estadística y encuentro un ejemplar de la revista *The Lancet* que recoge el análisis detallado de doscientas cuarenta causas de fallecimiento registradas durante un año en ciento ochenta y ocho países del mundo. Compruebo que, aunque los casos de muerte por susto o corazón roto no sean muy frecuentes, la traición de este órgano encabeza la clasificación de las causas de mortalidad en los seres humanos. Después aparecen el cáncer, los accidentes cerebrovasculares, las dolencias respiratorias, los síndromes neurodegenerativos y toda una pléyade de adversidades clínicas, una lista casi tan extensa como las cifras decimales del número pi o de la constante de Champernowne.

Sigo interrogando al oráculo y de nuevo sus respuestas son ambiguas o desconcertantes. Ante mi pregunta sobre el origen de tantas enfermedades, la respuesta es una sola palabra: **imperfección**. Por un momento se me ocurre pensar que uno de mis alumnos es el verdadero oráculo y doy vueltas a los mejores candidatos para un trabajo de tanta responsabilidad. Me planteo sus posibles nombres y pienso sobre todo en Clea y en Dido, porque, además de su enorme talento, sus curiosos nombres encierran clasicismo, y ya sabemos que *nomen est omen*; pero en el proceso entiendo que, en realidad, la respuesta oracular es una indicación de que la clave se encuentra en lo que hemos aprendido después de muchos años de investigación sobre los secretos de la vida. Somos imperfectos, la vida solo fue posible por nuestras notorias disfunciones moleculares y celulares. Nuestra colección de imperfecciones vitales nos permitió evolucionar por la **espiral de la complejidad**, de manera que unos seres simples cuyo único sueño era crear otros iguales se tornaron en criaturas tan complejas como nosotros y con sueños mucho más diversos y a menudo muy difíciles de interpretar. Lamentablemente, las toleradas e imprescindibles imperfecciones moleculares que catapultaron nuestro progreso evolutivo acabaron sembrando **las semillas de la enfermedad**.

Hoy somos conscientes de que la gran transición biológica hacia la complejidad conllevó la asunción de muchos riesgos, pero pudo completarse gracias a acontecimientos tan asombrosos como la elaboración de procesos de desarrollo y diferenciación celular, la introducción de estrategias de regulación y homeostasis, y la creación de distintos lenguajes moleculares que permitieron enriquecer las conversaciones que acontecen en la intimidad celular. Y aun siendo importante todo esto, todavía faltaba algo más: las células tuvieron que **inventar la muerte** para que la vida siguiera abriéndose camino hasta lograr una nueva y deslumbrante transición, que en otro tiempo nos pudo parecer definitiva, pero que ahora pensamos que tal vez no lo sea: **el paso del cerebro animal a la mente humana**.

Tras décadas de estudios e investigaciones sobre los detalles de todos estos procesos, estrategias y mecanismos, hemos aprendido que la gran mayoría de las enfermedades surgen de las disfunciones moleculares y celulares que nos han acompañado durante nuestra larga aventura evolutiva. Estas deficiencias e insuficiencias son muy variadas y entre ellas cabe mencionar el obligado mantenimiento de las células madre o troncales necesarias para la renovación de los tejidos, pero que a la vez son dianas preferentes de la generación de enfermedades; la infidelidad en la copia de nuestro material genético cada vez que una célula toma la decisión de dividirse; los errores en la reparación de los daños que sufre nuestro genoma al exponernos a ambientes insanos; los fallos en las distintas etapas de maduración del mensaje genético hasta que finalmente se sintetizan las proteínas que ejecutan las funciones codificadas en los genes; los problemas de comunicación molecular entre las células y, por último, las complicaciones exigidas por la necesaria coordinación entre los lenguajes biológicos que hacen posible la vida.

Inicialmente, el estudio preciso y profundo de todas estas insuficiencias se centró en el primero de los lenguajes vitales, el lenguaje genómico. Accedimos así al complejo y dramático ámbito de las enfermedades hereditarias, que contribuyen al censo de los males del mundo con más de siete mil entidades distintas causadas por mutaciones escritas en el genoma que nos legaron nuestros progenitores. Las patologías hereditarias no son las únicas que surgen por daños en el lenguaje genómico, ya que las mutaciones en el ADN también pueden ser *somáticas*, acumularse en las células y tejidos con el paso del tiempo y causar enfermedades como el cáncer o algunas de las relacionadas con el envejecimiento. En efecto, tal como he relatado en *Egoístas, inmortales y viajeras*, la inmensa mayoría de los tumores malignos se generan por mutaciones de este tipo y solo un pequeño porcentaje de los cánceres que hoy nos abruman son hereditarios. Además, con frecuencia creciente nos enfrentamos a las enfermedades *de novo* causadas por mutaciones que aparecen por primera vez en una determinada familia y que se producen en las células germinales* de los progenitores que engendraron el embrión del futuro paciente o en las fases tempranas del desarrollo embrionario. Curiosamente, la incidencia de estas patologías *de novo* que se presentan sin previo aviso está aumentando en buena medida porque la paternidad y maternidad se están retrasando y es más probable que los óvulos o espermatozoides de los padres hayan acumulado daños de los que carecían a una edad más temprana. En todo caso, y dentro de esta particular contribución biomédica a la *estadística de Szymborska*, podemos concluir que las enfermedades causadas por defectos en el lenguaje de los genes son muchas y muy distintas, pero la mayoría de ellas afectan a pocos pacientes e incluso hay casos de enfermedades tan privadas que son solo patrimonio de un único ser humano.

Mi mejor ejemplo en este sentido es muy cercano y se llama Guillermo. Esta maravillosa persona nació con una enfermedad genética tan extraña que, cuando descubrimos la mutación que la causaba, confirmamos que tan solo él y un chico canario llamado Néstor padecían esa enfermedad ultrarrara a la que bautizamos como el síndrome progeroide de Néstor y Guillermo.[3] Pocos años después, Néstor murió por un absurdo accidente doméstico, pero me dejó un extraordinario legado con recuerdos tan especiales como su lista de deseos para cada nuevo año, una mezcla de irónicos disparates que destilaban un profundo amor a la vida y para cuyo improbable cumplimiento demandaba anualmente mi colaboración. Tras la muerte de Néstor, Guillermo quedó solo en el censo de uno de los miles de males del mundo, aunque su madre no ha dejado nunca de acompañarle de una manera tan comprometida como conmovedora. Su condición de único paciente de una enfermedad siempre me traía a la memoria la excepcional lección de historia de Gustave Flaubert según la cual «cuando los dioses no estaban ya y Cristo no estaba todavía, desde Cicerón a Marco Aurelio hubo un tiempo en el que solo estuvo el hombre».

Y sí, así es, hubo un tiempo en el que Guille estuvo solo en el listado de pacientes con una cierta enfermedad, pero como los males del mundo nunca duermen ni descansan, en fecha reciente pudimos conocer los casos de una niña americana y varios niños iraníes que presentaban una mutación idéntica a la de Guillermo, un cambio de guanina a adenina que tiene lugar entre los más de tres mil millones de pares de piezas del genoma humano. Todos estos niños tenían el mismo fenotipo, o sea, el mismo aspecto externo que alertó a las madres de Néstor y Guillermo acerca de la extraña enfermedad de sus hijos. Nadie mejor que el propio Guille para corroborarlo, ya que tras ver las fotografías de los pacientes iraníes dijo con profunda sabiduría: «Estos son como yo, son mis primos de Irán». Y sin más, siguió con sus tareas artísticas cotidianas en el ámbito de la música y el cine, incluida su pequeña intervención en la gran película *Saben aquell*. La historia de Guille —también pequeña y grande al mismo tiempo— debe recordarnos que, pese a que las enfermedades hereditarias son usualmente minoritarias, sus pacientes merecen exactamente la misma atención médica y social que quienes padecen los males más frecuentes del mundo.

Todos somos mutantes, no deberíamos olvidarlo nunca; la diversidad genómica es la esencia de nuestra humanidad, pero la mayoría de nosotros no enfermamos a causa de alguna de las varias decenas de mutaciones o variantes respecto al patrón general o al genoma de nuestros padres con las que venimos al mundo. Las enfermedades más comunes, aunque no por ello más simples, las que tarde o temprano acaban por afectarnos a todos nosotros, son la consecuencia final de procesos más complejos que una mutación en nuestro material genético; de hecho, implican la participación del resto de los lenguajes biológicos fundamentales, incluidos el epigenoma y el metagenoma, de los que hemos hablado en el capítulo 5.

La mayoría de las enfermedades metabólicas, inflamatorias, autoinmunes, cardiovasculares, degenerativas y emocionales surgen en buena medida por alteraciones en la continua conversación de nuestro genoma con el ambiente en el que se desarrolla nuestra vida. La alimentación excesiva, deficiente o insuficiente, la introducción de cambios drásticos o absurdos en la nutrición, la falta de ejercicio físico adecuado, la pérdida de eficiencia del sistema inmune o, incluso, un insoportable naufragio emocional pueden generar alteraciones epigenéticas que, actuando sobre un fondo genético de predisposición, consiguen modificar los patrones de expresión de los genes de nuestro genoma o pervertir su eficiente diálogo con los genomas de todos los microorganismos que nos cohabitan. Y así, poco a poco, vamos perdiendo el equilibrio consustancial a la salud y la vida. Las efímeras libélulas y el armónico Vitruvio, nuestros particulares iconos de ese equilibrio, se tambalean, la inestabilidad gana espacio y tiempo, los cambios se amplifican y se cronifican, y de pronto un leve rumor corporal, una sutil inflamación, un dolor inespecífico o una tristeza difusa acaban por convertirse en una imagen radiológica, en una analítica bioquímica o en una evaluación clínica. Y, finalmente, lo sutil y difuso se concreta en una conclusión médica que confirma el nombre y la magnitud de la traición corporal. Nos damos cuenta de que hemos perdido la salud, esa «casa portuguesa, con cuatro paredes encaladas, un leve olor a romero, un ramo de uvas doradas [...], más el sol de primavera»; este es el maravilloso privilegio de la salud, un don provisional, tan leve y frágil como las libélulas o como la felicidad, pero a la vez tan sólido y resiliente como para permitir sobrevivir cerca de un siglo a varios millones de seres humanos.

Toda esta reflexión me genera una cierta satisfacción intelectual, que, como tantas otras emociones, es efímera y transitoria, porque repaso los argumentos y hay algo que no termino de entender. Confuso de nuevo, acudo al oráculo ubicado en mi *bibliothèque* favorita de la Sorbonne y vuelvo a expresar mis dudas en voz alta. Asumo que la imperfección biológica está en el origen de la mayoría de las enfermedades, pero cómo es posible que, tras millones de años de evolución, no hayamos sido capaces de atenuar o eliminar estas imperfecciones y contribuir a recortar el censo de los males del mundo. No tengo que esperar los siete millones y medio de años que precisó el superordenador Pensamiento Profundo para obtener la respuesta al «sentido de la vida, el universo y todo lo demás». En apenas unos minutos tengo la clave: **evolución**. Vuelvo a creer que Clea, o Dido, o José María, o Luis, o Irene, o Pepe, o Xose, o Ana, o Juan, o Víctor, o Adolfo, o Íñigo, o María Jesús, o Alicia, o Nacho, o Guillermo, o Gonzalo, o Alejandro, o María, o Miriam, o Ángela, o Jorge, o Clara, o Fer, o Pedro, o Álvaro, o Julia, o Rafa, o Xurde, o Víctor F., u Olaya, o Chema, o Sandra, o Miguel, o Diana, o Sammy, o Pablo, o Diego, o Daniel, o Javier, o Gabi, o David, o Lucas, o Antonio, o Claudia, o Nel, o Cecilia, o todos ellos juntos, están tras la respuesta recibida. En todo caso, el nombre de los protagonistas no es ahora lo esencial: lo importante son las ideas, y esta simple palabra permite guiar mi búsqueda hacia la comprensión de la perseverancia de la enfermedad en nuestra sociedad.

Con renovada paciencia, reviso la literatura científica sobre estas cuestiones y acabo por elaborar mi propio relato de la cuestión para después contármelo a mí mismo, pues reitero que soy bien consciente de que no sabemos algo hasta que somos capaces de contarlo en voz alta. Desde que hace tres mil ochocientos millones de años la vida se abrió camino por primera vez en un lugar de nuestro planeta bañado por aguas cálidas y poco profundas, la naturaleza comenzó a trazar con pulso azaroso e indeciso la gran espiral evolutiva de la complejidad que, sin abandonar la fragilidad, permitió a las libélulas aprender a volar y regaló a nuestra especie el arte de soñar. En todo este largo proceso, el fin principal de la evolución no fue mantenernos lo más sanos posible durante todo el tiempo posible. La mayor obsesión de la evolución siempre fue favorecer la reproducción, de manera que, una vez acabada esta etapa del ciclo vital de todos los organismos, la gran máquina evolutiva se lava las manos y deja el futuro de cada especie en la siguiente generación. Es en esta verdad natural y en todo lo que surge a su alrededor donde se encuentra el origen real de tanta enfermedad. Theodosius Dobzhansky, bisnieto de Fiódor Dostoyevski y gran estudioso de la obra de Charles Darwin, dijo que nada tiene sentido en biología si no es a la luz de la evolución. Ahora llega el momento de proponer que también en la salud nada tiene sentido si no se analiza bajo el prisma de la evolución.

CAPÍTULO 8

La salud a la luz de la evolución

La palabra *evolución* actúa en mi mente como un interruptor de teletransportación que me traslada a la bella isla africana de Zanzíbar. Allí, en una playa infinita de arena blanca, una mañana de verano descubrí todos los azules del mundo y disfruté de uno de esos catorce días de plena felicidad a los que, según el cordobés Abderramán III, todos los humanos tenemos derecho. En ese mismo lugar, otra mañana de verano, la del último día de agosto de 2007, recibí la lección de biología evolutiva más importante de mi vida. Caminaba sin rumbo por el entorno del pueblo en el que nos alojábamos y de pronto escuché una voz cálida que surgía de un modesto barracón con amplias ventanas, pero sin ningún cristal. Me acerqué con prudencia y curiosidad, y tras mirar a través de uno de los grandes huecos de la pared que querían ser ventanas, entendí que el sencillo edificio de una planta era una escuela. El maestro, dueño de la voz que me atrajo allí, estaba de espaldas a sus alumnos escribiendo en la pizarra negra con un clarión blanco y utilizando el mismo procedimiento que siempre he adoptado en mis clases, incluso cuando el espíritu de Bolonia y la transición a la modernidad llevaron a esta clásica modalidad docente al borde de la extinción.

Con creciente curiosidad y un punto de impaciencia, cambié de observatorio para poder aproximarme un poco más al encerado y tratar de vislumbrar la lección que el amable profesor estaba explicando a los cerca de veinte chicas y chicos que ocupaban los viejos pupitres de madera. Al poco rato, el maestro terminó de escribir los conceptos importantes que quería transmitir, se dio la vuelta, se apartó hacia el lado derecho y nos regaló a todos, a sus alumnos y al intruso observador, una visión que constituyó una auténtica e inolvidable epifanía para mí. Tuve que apoyarme con fuerza sobre el quicio de mi nueva ventana cuando me di cuenta de que aquel joven profesor de voz cálida y maneras suaves estaba introduciendo a sus estudiantes en los misterios de la evolución biológica.

En la parte central de la pizarra y bajo una única palabra, *Introduction*, que parecía dictada por ese misterioso oráculo al que le pregunto cosas de vez en cuando, se leía con absoluta nitidez: «*Organic evolution is the gradual development of organisms from simple life forms to more complex life forms over the course of time. Evolution attempts to account for the origin of all types of organisms that live on Earth today. Evolution also tries to answer the question as why organisms show such a great diversity*» [La evolución orgánica es el desarrollo gradual de los organismos desde formas de vida simples hasta formas de vida más complejas a lo largo del tiempo. La evolución intenta explicar el origen de todos los tipos de organismos que viven hoy en la Tierra. Y también intenta responder a la pregunta de por qué los organismos muestran una diversidad tan grande]. Mayor claridad y elocuencia conceptual es imposible. No exagero al decir que me sentí todo un privilegiado por haber tenido la oportunidad de leer aquel texto escrito en la pizarra y escuchar durante unos minutos aquella clase tan especial. Las pocas imágenes que tomé en aquella escuela con mi pequeña y discreta máquina de retratar representan para mí el equivalente más personal y cercano de fotografías tan icónicas como la de los «veintinueve de Solvay» o la imagen 51 de Rosalind Franklin. De hecho, esta última instantánea fue precisamente la que abrió el camino para entender los mecanismos que hacen posible esa evolución biológica que el maestro zanzibarino se afanaba por explicar a sus alumnos aquel 31 de agosto de 2007.

Curiosamente, ese mismo día, pero ciento setenta y seis años antes, Charles Darwin escribía una larga carta a su padre, el doctor Robert Darwin, para rebatir las ocho objeciones que según su progenitor desaconsejaban su viaje en el bergantín *Beagle*, la última de las cuales era la siguiente advertencia: «Será una empresa sin utilidad alguna». Tras exponer sus argumentos con precisión y respeto exquisitos, la carta de réplica del joven Darwin concluía así: «Sería en todo caso muy amable por su parte que me diera una respuesta definitiva: sí o no». Afortunadamente, la respuesta del doctor Darwin fue positiva, y el resto ya es historia. Charles se embarcó en el *Beagle* y a su vuelta escribió un libro que cambió para siempre la forma de entender nuestro lugar en el mundo.

Distraído en estas reflexiones darwinianas, debo esforzarme para retomar el hilo de esta narración que nos había aproximado a la necesidad de analizar los mecanismos de la salud y la enfermedad bajo el prisma de la evolución. Dejo que los sonidos de *Tajabone* me acaricien el alma. Esta música africana, que sirvió de sintonía a mis inolvidables clases radiofónicas en el programa de la periodista Julia Otero, me ayuda a recordar que, desde que nuestros valientes antepasados salieron de África impulsados por el deseo de ensanchar sus horizontes, la aventura evolutiva humana ha sido compleja. Con la paciencia que otorgaba la ausencia de prisas o urgencias, el cuerpo del *hombre que sabe que sabe*, o sea, nuestro propio cuerpo, fue experimentando numerosas adaptaciones que nos ayudaron a ponernos de pie, caminar sobre dos piernas, diversificar nuestra dieta, retrasar el desarrollo, expandir nuestro cerebro, adquirir un lenguaje articulado e inventar una nueva forma de evolución, a la que hoy llamamos cultura y que ha trascendido a la propia evolución biológica. De la mano de la cultura vinieron el regalo del fuego, el sueño del tiempo, la revolución agrícola, y después la industrial, y ahora esa inteligencia artificial que nos dicen que va a cambiar definitivamente el mundo y la vida.

Mientras las máquinas aprenden a pensar, nuestra responsabilidad es la de entender por qué y cómo enfermamos, para después utilizar esa información en la prevención y el tratamiento de los muchos males del mundo. Con gratitud, reconozco que la evolución cultural es la que me ha permitido construir estas frases con tinta electrónica y transmitirlas ahora mismo de manera horizontal y veloz, justo el modo contrario de la evolución biológica, que transfiere la información de manera vertical (de padres a hijos) y a ritmo incomparablemente más lento. Sin embargo, la evolución cultural también conllevó múltiples cambios en nuestros usos y maneras de comer, trabajar, dormir, madurar, envejecer, socializar, sentir, enfermar y morir. Estos cambios transformaron irreversiblemente la ecología y la biología humanas.[1]

En apenas dos siglos, la adopción de eficaces medidas de salud pública, junto con el progreso social y económico de muchos países, trajeron como consecuencia alteraciones manifiestas en los patrones de fertilidad, enfermedad y mortalidad. Entre las excepcionales e incuestionables conquistas de esa época destacan la considerable disminución de la mortalidad infantil, así como el significativo aumento de la esperanza de vida; sin embargo, con el tiempo, la transición a la modernidad comenzó a mostrar un lado oscuro e inesperado. Enfermedades ya conocidas, pero poco frecuentes, como las patologías neurodegenerativas, el cáncer, las dolencias cardiovasculares, los trastornos metabólicos, los desajustes inmunológicos e inflamatorios y los eclipses emocionales, empezaron a ascender en la estadística de los males del mundo hasta convertirse en protagonistas estelares de la historia evolutiva de la salud humana.

Todo apuntaba a que se estaba produciendo un desequilibrio o una discordancia entre las adaptaciones a un ambiente ancestral que nos había ido regalando la evolución biológica, y los cambios radicales y vertiginosos que impuso la evolución cultural a nuestra condición humana. De pronto nos vimos expuestos a multitud de nuevos compuestos potencialmente tóxicos y ampliamente diseminados en el aire, en el suelo y en el agua; se introdujeron notables modificaciones en el tipo y la composición de los alimentos cotidianos; dejamos de preocuparnos en exceso por los agentes infecciosos causantes de epidemias y pandemias; y abrazamos el sedentarismo como estrategia cómoda de vida.

El cuerpo humano trató de recobrar la homeostasis y puso en marcha lentos cambios adaptativos en nuestra fisiología reproductiva, inmunológica y microbiana a fin de mantener la estabilidad y reinstaurar el equilibrio amenazado por la implantación de la modernidad. Sin embargo, estos desequilibrios entre el pasado y el presente no son fáciles de corregir, a menos que existan intervenciones adicionales basadas en la promoción de entornos saludables y la reducción de los factores de riesgo de las enfermedades que surgen de esta paradójica consecuencia del progreso. Además, la biología y la sociología también nos enseñan que los humanos nos acomodamos muy pronto a la novedad y, si esta es agradable, nos resulta muy difícil retornar al estado anterior. El resultado final es que un número creciente de seres humanos, entre los cuales se encuentran muchos de los habitantes de los países más desarrollados, se incorporan a una espiral evolutiva que ya no es de complejidad sino de enfermedad.

Atrapados en estilos de vida inadecuados, factores tales como la falta de actividad física y la alimentación inapropiada provocan sobrepeso, el cual, sin embargo, constituyó una acertada estrategia adaptativa en épocas de escasez alimentaria crónica porque el exceso de grasa era un elixir de fertilidad.[2] Una vez abierta la senda de la obesidad, una imparable cascada de acontecimientos moleculares conduce a una mayor susceptibilidad a las cardiopatías, a los accidentes cerebrovasculares, a los tumores malignos, a las insuficiencias respiratorias, a las excesivas respuestas inflamatorias, a la diabetes tipo 2, a los problemas locomotores, a la osteoporosis, a los desajustes de los ritmos biológicos y, por último, al estrés excesivo, a la ansiedad, a la tristeza, a la depresión y a la melancolía. Alcanzamos así nuestro particular límite de Chandrasekhar, que en astronomía es la máxima masa que puede soportar una estrella fría. Tras superar ese límite, la estrella colapsa en un agujero negro, todo es oscuridad y nada, ni siquiera la etérea luz, es capaz de abandonar ese negro pozo de silencio.

De nuevo y de manera análoga a lo discutido para la obesidad, nuestra tendencia a desarrollar estrés o ansiedad es el resultado indeseado de un antiquísimo proceso de adaptación que se puso en marcha para proporcionar algún auxilio a nuestros antepasados y a los de muchos otros organismos en su batalla diaria por la vida en un entorno agresivo y brutal. Así, en situaciones de amenaza y riesgo, el cerebro alerta a las glándulas suprarrenales para que produzcan una hormona llamada cortisol que posee múltiples funciones: liberación de glucosa a la sangre, obtención inmediata de energía metabólica, incremento de la presión sanguínea, atenuación de la respuesta inmune, aumento de la atención e inhibición del sueño, entre muchas otras. Una vez que concluye la situación de alarma, los niveles de cortisol disminuyen hasta la mínima expresión. El problema surge cuando los valores de esta hormona se mantienen elevados de manera crónica, ya que promoverán todas esas respuestas positivas y protectoras, pero de manera excesiva y descontrolada. De este modo, sin pretenderlo y sin necesitarlo, acabaremos multiplicando los niveles de glucosa y de insulina, almacenaremos grasa, inhibiremos las hormonas de la saciedad como la leptina, aumentaremos nuestro apetito con voracidad y, en último término, seguiremos alimentando a la obesidad, la gran emperatriz de muchos de los actuales males del mundo. En definitiva, el problema no es el estrés en sí mismo, una palabra injustamente denostada, sino la respuesta fisiopatológica a un exceso de estrés que muy a menudo surge como una mala adaptación a las múltiples exigencias de la sociedad actual y que muchas veces termina arrastrándonos a la ansiedad y a la soledad.

Esta no es la única paradoja de la historia evolutiva de la salud, ya que a esa espiral de enfermedad derivada del exceso y de la comodidad, e ilustrada por las actuales epidemias de obesidad y soledad, se puede llegar también desde el otro extremo de la ecuación, el que viene de la pobreza y de la desigualdad. Vuelvo a mirar el mural de *El pueblo en demanda de salud* e imagino a sus dos vibrantes serpientes convergiendo no ya en el *yin yang* de la vida y de la muerte, sino en la patológica obesidad. A continuación, repaso la historia de la nutrición humana y recuerdo que hubo un tiempo no tan lejano en que el azúcar se presentaba como una especie de elixir solamente al alcance de los más ricos. Hoy es triste constatar que los azúcares ricos en fructosa y los alimentos ultraprocesados se han convertido en componentes principales de la dieta de los más pobres. La paradoja triunfa definitivamente cuando acudimos de nuevo a la estadística y comprobamos que, en la actualidad, el número de individuos obesos es mayor que el de los desnutridos. Y nos preguntamos de nuevo: ¿qué es lo que estamos haciendo tan mal?

No hay una única respuesta para esta cuestión, pero no debemos caer en la tentación de culpar en exclusiva a la evolución. Nuestra historia evolutiva ha sido excepcional en el ámbito de lo general y, además, cumplió sobradamente con la gran responsabilidad de llevarnos lejos en la lucha por la supervivencia en entornos difíciles. Sin embargo, la evolución nunca tuvo un propósito, ni siquiera un plan, por lo que no pudo anticipar que en el futuro nos veríamos obligados a afrontar situaciones y condiciones para las que no estábamos ni preparados ni adaptados. Tras muchos millones de años de evolución biológica, de pronto nos encontramos con que no sabíamos hacer frente a un cúmulo de problemas diversos y de signo opuesto, desde los excesos en la dieta o el estrés crónico hasta la falta de sueño o de ejercicio físico. Sin duda, fue la rápida transición a la modernidad a través de la evolución cultural la que cambió la estadística de Szymborska en lo referido a las enfermedades humanas. Volviendo una vez más a la mitología clásica, recordemos que la caja de Pandora estaba repleta de males, una metáfora muy apropiada porque la gran mayoría de las enfermedades vienen de muy atrás, forman parte de nuestro legado evolutivo y su marca quedó grabada para siempre en el lenguaje genómico de cuatro letras. No olvidemos tampoco que en el fondo de la caja de los males estaba Elpis, la deidad griega de la esperanza. Por eso, mientras suenan los acordes de una sencilla música de Hermanos Gutiérrez con el mismo título que ese deseable estado anímico, acompañada por las bellas ilustraciones de María Medem, trato de comprender la influencia de esos mensajes genéticos en el desarrollo de las enfermedades a lo largo de nuestra aventura evolutiva.

La reciente capacidad humana para descifrar los genomas de miles de personas (un gran regalo de la modernidad, ¡no todo van a ser inconvenientes!) nos ha permitido identificar variantes genéticas que aumentan el riesgo de desarrollar ciertas enfermedades. Tales variantes han permanecido con variable frecuencia en los genomas humanos porque en las condiciones ambientales y sociales previas no solo no causaban daño alguno, sino que proporcionaban beneficios por medio de un proceso que ahora llamamos *pleiotropía antagónica*.[3] Como cabía esperar, esas variantes suelen pertenecer a genes implicados en procesos reproductivos y metabólicos o en la regulación del sistema inmunológico, y por este motivo han hecho posible que sus portadores pudieran tener más hijos, adaptarse a nuevas dietas y defenderse mejor de las infecciones, todo lo cual resulta esencial para la supervivencia de la especie. Algunos de esos genes tienen nombres propios y bien conocidos, como *FTO*, *APOE*, *TP53* o *BRCA1*, y sus variantes ayudaron a nuestros antepasados en alguna de esas estrategias promotoras de la supervivencia, pero cuando las circunstancias del entorno cambiaron y las vidas se alargaron, nos mostraron su cara oculta. De este modo, los portadores de esas variantes antaño tan positivas hoy en día son más proclives a la obesidad, a diversos problemas neurológicos y cardiovasculares, a las enfermedades autoinmunes o al desarrollo de ciertos tipos de cáncer.

Lógicamente, estas variantes genéticas nos ayudan a explicar algunos aspectos evolutivos de nuestra vulnerabilidad a las enfermedades, pero su valor disminuye si no se consideran en un contexto global en el que los factores ambientales, poblacionales, sociales y culturales son determinantes fundamentales en la ecuación de la salud. No olvidemos que la evolución biológica y la selección natural actúan sobre los genes, no sobre los individuos, mientras que la evolución cultural tiene esa imponente capacidad de transformar el entorno en el que vivimos y arrastrarnos a la pérdida del equilibrio entre lo biológico y lo cultural. Equilibrio: de nuevo, esta palabra esencial acude a las páginas de este libro como argumento central de una historia que nos habla del equilibrio de las libélulas, y el de Vitruvio, y el de nuestro medio interno, y el de la doble hélice, y el de la evolución, y, en definitiva, la historia del delicado balance final entre la salud y la enfermedad.

Afortunadamente, no hemos dejado la cuestión de la salud en las exclusivas e impredecibles manos de los dioses y del azar. En efecto, el progreso reciente de la ciencia y de la medicina ha sido extraordinario y ambas han contribuido a aliviar nuestra continua preocupación por la pérdida de la salud. En cualquier caso, si queremos colaborar con las atareadas Higiea y Tlazoltéotl en su colosal intento de ayudarnos a vivir un poco más y un poco mejor, debemos proseguir con la no menos colosal tarea de estudiar las claves celulares, moleculares y sociales de la salud. Además, se puede trabajar también en pro de ese gran objetivo global por medio de acciones que no están reservadas únicamente a los profesionales de la ciencia y de la medicina, y que implican el compromiso de fomentar la educación en el respeto a la salud, así como la obligación de corresponsabilizarnos en su mantenimiento. De este modo estaríamos reconociendo que la salud es una forma de cultura muy especial, **la cultura de la vida**.

Con todo el bagaje acumulado en los capítulos precedentes, creo que estamos ya preparados para avanzar hacia la compleja tarea de integrar la información generada en campos tan diversos como la medicina, la biología, la filosofía, la economía, la sociología y la psicología. Partiendo de esta perspectiva integradora, el objetivo final será llegar a dotar de contenido genuino a un concepto de salud que va mucho más allá de la fría consideración de esta entidad como mera ausencia de enfermedad. Para ello, y de nuevo invocando al hombre de Vitruvio, a continuación, vamos a proponer y discutir la naturaleza y las propiedades de **las claves de la salud**.

CAPÍTULO 9

Las claves de la salud

Nieva en París; es una nieve leve, *une neige lègére*, la que ha comenzado a caer sobre la ciudad. La intensidad de la nevada no tiene nada que ver con la de aquellas que, siendo niño, contemplaba invierno tras invierno en mi pueblo del Pirineo aragonés. Sin embargo, la imagen del Pont des Arts cubierto por una fina capa de polvo blanco me recuerda inmediatamente el momento en el que leí por primera vez el maravilloso poema «Nieve» de Federico García Lorca: «Las estrellas se están desnudando. / Camisas de estrellas / caen sobre el campo». Tres versos separados pueden expresar muchas cosas, pero es el conjunto de todos ellos el que resulta imprescindible para construir la belleza y la armonía que encierra este poema. Otro gran poeta, José Agustín Goytisolo, expuso también con tres versos esta misma idea en sus «Palabras para Julia»: «Un hombre solo una mujer / así tomados de uno en uno / son como polvo no son nada». Sin duda, hay versos que justifican un poema y hasta explican una vida entera, pero en mi mente quedó instalada la sensación de que lo normal es que un buen poema, por breve que sea, es incomparable a la consideración aislada de cada uno de sus versos. De esta forma, la poesía pertenecería al grupo de «entidades» que poseen la curiosa peculiaridad de ser *propiedades emergentes*, las cuales se caracterizan por el hecho de que el todo es más que la suma de sus partes constituyentes. La salud y la vida también son ejemplos máximos de propiedades emergentes, lo cual refuerza una vez más la banalidad de intentar separar las dos culturas de Snow, las humanidades y las ciencias. La poesía, como la salud y como la vida, necesitan miradas globales para poder ser entendidas, para poder ser disfrutadas.

El gran progreso científico alcanzado en el estudio de las cuestiones relacionadas con la salud y las enfermedades ha derivado fundamentalmente de investigaciones reduccionistas sobre los cambios específicos que acontecen en unas u otras moléculas del submundo celular durante el desarrollo de unas u otras patologías. El pensamiento reduccionista ha resultado de gran utilidad para la ciencia, pero también nos ayuda a afrontar las complejidades de la vida cotidiana. Probablemente, todos hemos seguido en alguna ocasión una consigna de fácil definición: tenemos un problema, vayamos por partes. Sin embargo, la categoría de propiedad emergente que poseen tanto la salud como la vida nos obliga a introducir aproximaciones holísticas o globales. Estas ideas integradoras son difíciles de elaborar, pues a fin de cuentas resulta mucho más sencillo estudiar cuestiones concretas que tratar de alcanzar el conocimiento global imprescindible para aprehender un problema de dimensiones tan universales como las claves de la salud. Por todo ello, para progresar necesitamos avanzar en la formulación de nuevos marcos de pensamiento humanista que adopten miradas amplias en cuestiones tan complejas como las relacionadas con la salud y las enfermedades.

Este ambicioso propósito nos acerca al premonitorio **sueño de Goethe**, el gran polímata alemán que pretendió aunar las tradiciones analíticas y sintéticas para comprender el organismo vivo en su conjunto. Sin duda, este tipo de aproximaciones son las que ahora deben guiarnos en el estudio global de los mecanismos biológicos que mantienen la armonía molecular y nos regalan salud y bienestar. Con esta perspectiva integradora en mente y tratando de aprovechar el inesperado tiempo de reflexión que nos concedió la pandemia del COVID-19, comencé a pensar en cómo abordar la cuestión de la definición de las claves de la salud. Para ello, nada mejor que compartir la aventura creativa con mi querido colega y amigo Guido Kroemer, una de las tres personas más inteligentes que he conocido a lo largo de mi vida.

Siempre que hago esta rotunda afirmación me viene a la cabeza una entrevista con el físico inglés Arthur Eddington en la que le preguntaban si era cierto que en el mundo solo había tres personas que comprendieran la teoría de la relatividad formulada por Albert Einstein. Arthur miró al periodista con sorpresa, dudó un instante antes de responder y al final dijo: «¿Quién es el tercero?». En realidad, no hace falta recurrir a la cuantificación, y, por lo demás, el talento es tan difícil de medir como el dolor o la felicidad; pero aun así tengo muy claro que Guido es todo un icono de brillantez intelectual, alguien situado en las antípodas de un colectivo de individuos hoy en día en franca expansión en el mundo social y profesional, el de **los impostores**, al cual pertenecen los que hablan sin saber y los que están sin ser, esos grandes violadores del principio de Arquímedes que desalojan mucho más volumen del que ocupan. Volviendo al tema que nos preocupa, pese a la distancia impuesta por el confinamiento pandémico, Guido y yo no tardamos en ponernos de acuerdo sobre el punto de partida de nuestra investigación: las claves de la salud, cualesquiera que fueran, deberían definirse en positivo. Teníamos que abandonar el pensamiento clásico habitual de que la salud es simplemente la ausencia de enfermedad.

Así, tras mucho leer, mucho pensar y mucho integrar, llegamos a una propuesta concreta: la salud es el resultado de un compendio de ocho características organizativas y dinámicas que mantienen las funciones de nuestro organismo. Estas ocho claves celulares y moleculares de la salud serían la **integridad de barreras**, la **contención de perturbaciones**, el **reciclado del material biológico**, la **integración de circuitos**, las **oscilaciones rítmicas**, la **resiliencia homeostá-**

tica, la **regulación hormética** y la **reparación molecular y celular**. Además, y en un intento de seguir avanzando hacia la integración de nuestras ideas sobre la salud, propusimos que estas ocho claves o determinantes del bienestar somático humano podrían clasificarse a su vez en tres categorías estrechamente relacionadas entre sí: la compartimentalización espacial, la homeostasis temporal y la inducción de respuestas al estrés.[1]

La primera de las tres grandes categorías integradoras del concepto de salud, a la que hemos denominado **compartimentalización espacial**, hace referencia al hecho de que cada proceso biológico que se despliega en nuestro cuerpo debe ocurrir en el lugar destinado específicamente para ello. No se tolera la indisciplina espacial ni la desubicación. Este exigente afán de que todo suceda donde procede se consigue mediante los mecanismos que garantizan las dos primeras claves de la salud: la integridad de barreras y la contención de perturbaciones.

Integridad de barreras. La arquitectura de nuestro cuerpo está organizada en torno a una serie de barreras internas y externas que delimitan los territorios funcionales, nos protegen del entorno y nos ayudan a contener la entropía,* ese irreversible desorden al que todo tiende en el mundo, incluida la vida. Las barreras biológicas construyen espacios corporales, pero poseen la extraordinaria propiedad de la permeabilidad y permiten el intercambio de moléculas que aseguran la comunicación entre los distintos compartimentos del cuerpo y evitan la acumulación de sustancias tóxicas. Algunas de estas fronteras biológicas, como las nucleares y mitocondriales,* están dentro de las propias células; otras, como las membranas plasmáticas, marcan los límites celulares; o son aduanas internas, como la barrera hematoencefálica que regula el tráfico entre la sangre y el cerebro; o nos protegen del mundo exterior, como las membranas respiratorias, intestinales y cutáneas. El funcionamiento equilibrado de todas estas membranas es esencial para el mantenimiento de la salud, mientras que la pérdida de su integridad física o funcional está en el origen de múltiples enfermedades.

A título ilustrativo, valga decir que los defectos en las membranas mitocondriales comprometen nuestro balance energético y causan enfermedades neuromusculares y metabólicas; las alteraciones en las membranas nucleares van asociadas al envejecimiento y a la neurodegeneración; la disfunción de las membranas plasmáticas induce procesos inflamatorios; la ruptura de la barrera hematoencefálica ocasiona graves problemas neurológicos; las deficiencias en las mucosas del tracto respiratorio provocan patologías como el síndrome de dificultad respiratoria aguda que nos dejan sin aire y sin aliento; la ruptura de la barrera intestinal causa disbiosis, esa pérdida de la simbiosis entre nuestras células y los billones de microorganismos que nos cohabitan, y cuyo impacto en la patología humana es tan diverso como abrumador al afectar directa o indirectamente a la práctica totalidad de nuestros órganos. Por último, en esta lista de barreras y dolencias no puede faltar la piel, el mayor de nuestros órganos, el que define nuestra identidad exterior, el que porta los receptores que nos permiten disfrutar de las caricias y los besos, a la vez que nos protege de infecciones, radiaciones e intoxicaciones. Los daños en esta Gran Barrera, que no es de coral, sino de macromoléculas entrelazadas con deslumbrante armonía, causan una larga colección de enfermedades dermatológicas y nos muestran la cara más obvia del inexorable proceso de envejecimiento que a todos nos alcanza y nos afecta.

Contención de perturbaciones. Nuestro cuerpo está continuamente sometido a perturbaciones locales que surgen de nuestras intrínsecas imperfecciones moleculares o son provocadas por factores externos, entre los cuales figuran agentes patógenos, daños físicos o químicos y traumas mecánicos. Sea cual sea el origen, es imprescindible contener esas perturbaciones para evitar su amplificación o diseminación antes de que los daños sean irreparables y causen infecciones descontroladas, inflamaciones generalizadas o procesos patológicos como el cáncer. Afortunadamente, tenemos múltiples formas de afrontar estos riesgos: la liberación de factores endógenos antimicrobianos, la cicatrización de heridas, la encapsulación de cuerpos extraños, la resolución de reacciones inflamatorias, la elaboración de respuestas inmunes proporcionadas, la inmunovigilancia antitumoral y la senescencia celular. Todos estos mecanismos trabajan de manera coordinada para contener los daños y eliminar los posibles agentes infecciosos, los indeseables tumores nacientes y otros tipos de lesiones incipientes, al mismo tiempo que se autorregulan en todo momento para evitar que sus respuestas sean excesivas y se conviertan en fuentes de nuevos males. Por ello hay un enorme interés en desarrollar estrategias que impacten sobre esta segunda clave de la salud y nos ayuden a mejorar la cicatrización de las heridas, a estimular las reacciones inmunológicas frente a agentes patogénicos o a tumores en fases tempranas, o a limitar los excesos de las respuestas inflamatorias o senescentes.

La segunda de las categorías integradoras de las claves de la salud es la **homeostasis temporal**, cuyo objetivo general consiste en que cada uno de los procesos tenga lugar en el momento preciso, para lo cual contamos con tres estrategias: el reciclado y recambio de material biológico, la integración de circuitos y las oscilaciones rítmicas.

Reciclado y recambio de material biológico. Normalmente, las barreras biológicas funcionan de la manera debida y por eso somos capaces de contener las perturbaciones que nos acechan; pero la frenética actividad impuesta por la supervivencia hace que todos nuestros componentes internos, desde las moléculas más sencillas hasta las entidades supracelulares más complejas, vayan acumulando heridas y cicatrices que acaban por inducir su propio reciclado para evitar males mayores a la sociedad celular. Las células dañadas o enfermas y dispuestas a morir por la gran causa de la vida portan un conjunto de señales moleculares llamadas *find-me* (encuéntrame) y *eat-me* (devórame), que facilitan su identificación y eliminación por parte de los fagocitos encargados de esta tarea. Estos componentes del sistema inmunitario realizan su labor de manera minuciosa, pues no en vano millones de células se sacrifican cada día en nuestro cuerpo por el bien común, y lo hacen con absoluta discreción y sin ceremonia funeral alguna, tras haber cumplido su función en el organismo.

Lamentablemente, las deficiencias en los procesos de reciclado provocan una acumulación de células muertas, el vertido de su contenido en los mismos tejidos que las acogieron mientras estaban vivas y el desarrollo de reacciones inflamatorias y autoinmunes contra el propio organismo. Por tanto, el gran reto cotidiano es alcanzar una nueva forma de equilibrio, el que se establece entre la masiva muerte celular y su necesaria renovación, a la que contribuyen en gran medida las células *stem** o progenitoras. Entre los mecanismos de reciclado destaca la autofagia,* una estrategia que ha progresado evolutivamente hasta ser capaz de eliminar macromoléculas como las proteínas, orgánulos subcelulares como las mitocondrias y células completas de todos los tipos, formas y funciones. Su importancia para la salud queda de manifiesto en el momento que se constata que numerosas enfermedades asociadas al envejecimiento, desde el cáncer hasta diversas patologías cardiovasculares y neurodegenerativas, surgen por defectos en la autofagia. Por ello resulta muy estimulante el hecho de que los estudios en este campo, algunos de ellos llevados a cabo en nuestro propio laboratorio, hayan permitido demostrar que la estimulación de la autofagia mediante estrategias genéticas, farmacológicas o nutricionales favorece la salud y extiende la longevidad en organismos modelo.

Además de la autofagia, contamos con otros mecanismos de reciclado de gran importancia para la salud como el basado en el *sistema ubiquitina-proteasoma*, encargado de eliminar proteínas intracelulares que han perdido su estructura o su función tras sufrir distintos daños en sus cadenas de aminoácidos* y terminan por volverse tóxicas para el organismo. Las deficiencias en este sistema están en el origen de un gran grupo de patologías denominadas *proteinopatías*, entre las que figuran algunas tan conocidas como las enfermedades de Alzheimer y de Parkinson, la esclerosis lateral amiotrófica y la demencia frontotemporal. Todas ellas resuenan en mi mente asociadas a nombres propios de personas con las que compartí espacio y tiempo, y cuyas vidas se vieron truncadas por esos grandes y todavía incurables males.

Integración de circuitos. Cada molécula, cada complejo subcelular, cada tejido y cada órgano de nuestro cuerpo está integrado en circuitos funcionales que permiten su conexión a los diferentes sistemas reguladores que hacen posible cada segundo de vida. A su vez, estos circuitos se organizan en redes que contribuyen a minimizar el efecto de las fluctuaciones externas e internas a las que estamos sometidos. Estos circuitos de comunicación que hacen más soportable nuestra levedad cotidiana son bidireccionales y funcionan con parecida eficiencia cuando van del interior al exterior de nuestras células que cuando actúan a la inversa. Por ejemplo, el estrés intracelular causado por la toxicidad de una proteína aberrante puede ser comunicado al espacio extracelular para inducir respuestas adaptativas. Recíprocamente, todas las células de nuestro cuerpo, y en especial las sensoriales, integran información del entorno y activan receptores y transportadores de señales moleculares que envían mensajes al interior celular, donde al final se toman las decisiones más adecuadas para cada situación. Muchas de estas señales convergen en el núcleo celular y ayudan a que los genes que allí habitan agrupados en nuestro larguísimo verso genómico puedan encontrar respuestas a su eterno dilema: *expresarme o no expresarme*, esa es la cuestión principal que debe abordar cada gen a cada instante.

Además de estos circuitos celulares, los diferentes órganos del cuerpo están conectados a través de circuitos sistémicos organizados en torno a distintas hormonas, neurotransmisores, citoquinas, factores de crecimiento, alarminas e inmunoglobulinas. Colectivamente, estas moléculas construyen el vocabulario del lenguaje biológico utilizado por las distintas partes del organismo para comunicarse entre sí y contarse unas a otras cómo les va la vida. Por último, hoy sabemos que los seres humanos somos holobiontes,* metaorganismos en los que además de nuestras humanas células se aloja una asombrosa fauna de bacterias, arqueas, bacteriófagos, hongos, virus y parásitos que nos acompañan y ayudan en la aventura diaria de la supervivencia.

Entre el poblado y variado zoo de seres que nos cohabitan, la microbiota* intestinal ha suscitado un especial interés, ya que tiene una influencia decisiva en nuestra salud gracias a su participación en la digestión y absorción de los nutrientes de la dieta, la síntesis de vitaminas y la eliminación de patógenos y xenobióticos. Al margen de ello, la microbiota intestinal es también fundamental en el contexto de otra de nuestras propuestas clave para el mantenimiento de la salud, la integración de circuitos. En efecto, las bacterias intestinales forman parte de circuitos sistémicos que ejecutan acciones a larga distancia en el cerebro, concretamente, en los órganos reguladores de las respuestas endocrinológicas, inflamatorias e inmunológicas. Por ello no debe extrañarnos que enfermedades tan diversas como la obesidad, las afecciones cardiometabólicas, el cáncer y los trastornos psiquiátricos vayan asociados a cambios en la composición de nuestra microbiota intestinal. En cambio, el desarrollo de estrategias dirigidas a restaurar una microbiota sana por medio de procesos tan escatológicos como los trasplantes fecales puede convertirse en una fuente de salud y longevidad.

Oscilaciones rítmicas. La salud necesita acomodarse a los ritmos biológicos que hacen posible la vida. Estas vitales oscilaciones son de distintos tipos y pueden durar desde unos instantes, como en el caso de la respiración o el latido del corazón, hasta varias semanas, como ocurre con la menstruación. Todos nosotros, incluso los que no usamos reloj, estamos controlados por una fascinante colección de cronómetros biológicos de distintos modelos que no cuelgan de las paredes, ni descansan en nuestra mesilla de noche, ni se ajustan a nuestra muñeca, ni aparecen en la pantalla de nuestro teléfono móvil, pero son capaces de interpretar las señales ambientales o internas que reciben y marcan el compás de los procesos celulares. El principal reloj biológico es el circadiano, que está constituido por cerca de veinte mil neuronas localizadas en el núcleo supraquiasmático del cerebro y posee una periodicidad rítmica de alrededor de veinticuatro horas. Nuestro cerebro dispone asimismo de un segundo reloj en la propia glándula pineal, la entidad que según Descartes era el recinto del alma racional. Además de estos dos cronómetros cerebrales, las células de los restantes órganos humanos también poseen relojes circadianos* propios que, bajo la supervisión general del reloj supraquiasmático, anticipan el futuro y preparan a nuestras células para las funciones que deben desempeñar a cualquier hora del día o de la noche. Todos estos contadores biológicos están estrechamente conectados entre sí, intercambian información sobre el tiempo que hace por dentro y por fuera de nuestro cuerpo y son responsables del envío de señales en forma de hormonas como la melatonina y de neurotransmisores como la dopamina que definen nuestros ritmos y rutinas.

Nuestra salud y nuestra supervivencia diaria dependen del funcionamiento preciso y continuo de los engranajes biológicos encargados de crear la percepción del tiempo y de medir su avance. Cuando los genes responsables de construir y controlar estos relojes sufren mutaciones o pierden sus pautas reguladoras, nuestra salud circadiana se descompensa o se descompone del todo, y entonces surgen las diversas enfermedades del tiempo y del sueño. Muchas de ellas son provocadas por alteraciones en el funcionamiento del cerebro que hacen que nuestra máquina de pensar se desentienda de su labor reguladora de los ritmos biológicos y llegue a convertirnos en náufragos del tiempo. Las deficiencias del reloj circadiano se suelen manifestar en forma de trastornos en el sueño, los cuales pueden estar causados por los desequilibrios provocados por el trabajo a turnos, por los viajes transatlánticos o por el llamado *jet lag* social, nítido ejemplo este último de la pérdida de sintonía de nuestro tiempo biológico con el que marcan los usos sociales actuales. Además, las grandes perturbaciones en la coordinación de los distintos cronómetros biológicos causan graves enfermedades neurológicas con impacto en el sueño, como el insomnio familiar fatal o la narcolepsia. Curiosamente, algunas variantes no patológicas de estos genes reguladores de nuestro compás interno son también responsables de nuestro cronotipo genómico particular, es decir, nuestra tendencia a preferir el día o la noche para el desarrollo más eficiente de nuestra actividad.

Independientemente del origen de sus particulares adversidades horológicas, todos los pacientes con enfermedades del tiempo deben luchar cada día contra un reloj estropeado que se halla en el interior de sus células y cuyo mal funcionamiento afecta a procesos que poseen su propia ritmicidad. Entre estos procesos figuran los que afectan a la regulación de las células progenitoras que renuevan nuestros tejidos, al funcionamiento de las mitocondrias que generan nuestra energía, a la respuesta inmune que nos protege de infecciones y deslealtades tumorales, y al propio control de la microbiota, esa colosal vida interior que nos cohabita y que una y otra vez comparece en estas páginas como asunto central para el cuidado de la salud porque las bacterias, pese a ser descerebradas, también tienen su propio reloj y nos ayudan a saber qué hora es. Nuestra capacidad de arreglar el compás biológico y poner en hora nuestros relojes averiados será muy limitada hasta que no progresen la cronomedicina y la cronofarmacología. Estas incipientes pero importantes disciplinas tienen entre sus objetivos no solo reparar los desajustes en las oscilaciones rítmicas, sino aprovecharlas para que los diversos tratamientos se acomoden a los momentos del día más apropiados para cada uno de los males abordados. El tiempo dirá si seremos capaces de restaurar la salud circadiana perdida, pero mientras tanto podemos comenzar a mejorar nuestros hábitos sociales y nutricionales para acomodar nuestros ritmos biológicos a los del mundo en el que vivimos.

La tercera y última categoría general de claves de salud sería la inducción de **respuestas adecuadas al estrés**, lo cual nos permite protegernos de los múltiples daños que conlleva la vida y así contar con una nueva oportunidad de seguir adelante. Para lograr este trascendental objetivo final, la evolución biológica nos ha proporcionado tres mecanismos que corresponden a las tres últimas claves propuestas para la salud: la resiliencia homeostática, la regulación hormética y la reparación o regeneración molecular y celular.

Resiliencia homeostática. Si se propone este proceso biológico como sexta clave de la salud humana es por la incuestionable relevancia de la homeostasis, «la sabiduría del cuerpo», a la hora de asegurar la estabilidad de nuestro organismo. Los circuitos homeostáticos de nuestro cuerpo determinan la resiliencia de nuestra salud al mantener el equilibrio adecuado de innumerables parámetros biológicos, como, por ejemplo, la presión sanguínea, la temperatura corporal o las concentraciones de infinidad de hormonas y de metabolitos. Esta resiliencia homeostática es un proceso de extraordinario dinamismo, pues el cuerpo tiene que hacer frente día y noche a continuas situaciones de alarma, para después elaborar con urgencia estrategias de control y reparación de los daños sufridos, que van desde leves alteraciones locales hasta profundos desastres moleculares o funcionales. La resiliencia homeostática requiere la participación coordinada de mecanismos neurológicos, genéticos, metabólicos, inmunológicos y microbianos. Los mecanismos neurales de resiliencia afectan a los numerosos circuitos y rutas de señalización de neurotransmisores y hormonas que articulan respuestas a situaciones de estrés agudo y crónico. Las dos vías principales por las que se manifiestan las respuestas neuroendocrinas son el eje SAM (simpático-adrenal-medular), que genera la adrenalina y la noradrenalina, y el eje HPA (hipotálamo-pituitaria-adrenal) que produce glucocorticoides como el cortisol. Si estos ejes neurohormonales responden de forma adecuada, se promueve la resiliencia homeostática; pero, en caso de que las archiconocidas hormonas del estrés se mantengan en niveles crónicamente elevados, la salud se quebrará y aparecerán en cascada daños de todo tipo: neurológicos, cardiovasculares, inmunológicos e intestinales, entre otros muchos.

Diversos estudios genéticos han demostrado que nuestra mayor o menor capacidad de resiliencia puede ser en parte heredada a través de las variantes moleculares en los genes que regulan los circuitos de respuesta al estrés. Curiosamente, las mismas variantes genéticas que conllevan un mayor riesgo de respuestas patológicas a situaciones adversas pueden proporcionar sustanciales beneficios en ambientes favorables, lo cual constituye un interesante ejemplo de la idea de pleiotropía antagónica de la que hablamos anteriormente. La resiliencia homeostática también implica la intervención de los circuitos endocrinos, metabólicos e inmunológicos. Los glucocorticoides, por ejemplo, provocan cambios en la presión sanguínea; la leptina y la grelina modulan el apetito; y los mecanismos de inmunidad contribuyen a la generación de respuestas equilibradas al estrés causado por la invasión de agentes infecciosos. Por último, una microbiota sana favorece en buena medida nuestra resiliencia homeostática al protegernos de la disbiosis y de las numerosas enfermedades asociadas a esta desequilibrante alteración.

Regulación hormética. Esta séptima clave de la salud humana hace referencia a la importancia para nuestro bienestar de un proceso natural llamado hormesis* —del griego *horméin*, 'estimular'— que contribuye a que nuestro organismo pueda prepararse por anticipado para afrontar situaciones de estrés.[2] Entre estas situaciones, la mejor conocida es la del estrés tóxico: tras la exposición repetida a dosis bajas de un estímulo o compuesto dañinos, la hormesis genera una respuesta adaptativa del organismo que protege a nuestras células cuando tienen que enfrentarse a dosis más altas de ese mismo elemento tóxico. La hormesis era ya bien conocida en la Antigüedad, aunque entonces fuera un concepto sin nombre y sin contenido molecular. Así, Mitrídates VI, rey del Ponto, pasó a la historia por su proverbial resistencia a los venenos, cualidad que adquirió impulsado por el miedo a compartir el trágico destino de su padre, que murió envenenado por sus enemigos. Tras el asesinato de su progenitor, el joven Mitrídates se refugió en la naturaleza y se dedicó a experimentar los efectos de distintos venenos, ingiriéndolos en dosis crecientes hasta conseguir ser inmune a sus efectos nocivos. Con la ayuda de su médico, desarrolló el mitridato, o antídoto de Mitrídates, en cuya compleja composición de cincuenta y cuatro sustancias se incluían el opio y varias toxinas de hongos y serpientes. Con el paso del tiempo se fue ampliando la composición del mitridato y una de sus variantes fue la que recibió el nombre de triaca, el curioso preparado que elaboraba Claude Bernard en sus inicios profesionales como mancebo de farmacia. Cuando Mitrídates se sintió razonablemente seguro, regresó a su reino, se vengó de los asesinos de su padre —entre los que estaban su madre y su hermano— y acabó reinando con cierta tranquilidad durante varias décadas, aunque dejó escrito que, pese a sus esfuerzos por protegerse frente a cualquier clase de veneno, no alcanzó la inmunidad frente al más mortal de todos ellos: la deslealtad.

Esta hormética y dramática historia atrajo la curiosidad del genial Wolfgang Amadeus Mozart, quien, con apenas catorce años, compuso su primera ópera y se la dedicó precisamente a Mitrídates. En mi mente, esta obra siempre resuena como una invitación a estudiar los detalles moleculares de un proceso curioso e interesante, pero todavía muy desconocido. En los últimos años se ha avanzado notablemente en la definición de la naturaleza de los distintos factores externos o internos que incrementan nuestra plasticidad biológica e inducen procesos de hormesis. Tales factores, llamados hormetinas, pueden ser de naturaleza física, química, farmacológica, nutricional, y me atrevo a anticipar que también emocional. Pese a la diversidad de sus orígenes y características, cada una de las hormetinas provoca respuestas bifásicas similares, las cuales dependen de la dosis recibida y se acomodan fielmente a la sentencia clásica de Friedrich Nietzsche según la cual «lo que no mata te hace más fuerte».

La hormesis reprograma el metabolismo, optimiza la obtención de energía de los nutrientes, induce el reciclado celular, reduce el estrés oxidativo, atenúa la inflamación y promueve la salud y la longevidad. Muchos de estos efectos positivos de la hormesis tienen lugar en la intimidad mitocondrial, ese espacio subcelular donde generamos la energía que sostiene la vida. Por eso, ante una insuficiencia moderada en la producción de energía, se genera una respuesta biológica de mitohormesis (hormesis mitocondrial) que aumenta el reciclado de las mitocondrias dañadas y la creación de otras nuevas. Algunos productos vegetales llamados xenohormetinas y el ejercicio físico moderado son también eficientes inductores de respuestas horméticas. Finalmente, no debemos olvidar que estos recientes descubrimientos abren la posibilidad de intervenciones farmacológicas y nutricionales que permitan una activación terapéutica de las distintas formas de hormesis y que no solo reparen los daños previos, sino que, además, incrementen la resistencia de nuestro organismo ante futuros males de igual o parecido signo, y nos regalen salud y vida.

Por último, la octava clave biológica de la salud está relacionada con los mecanismos de **reparación o regeneración molecular y celular**. Para entender los orígenes de este componente esencial de nuestra salud podemos retroceder de nuevo a la época en que los dioses dominaban el mundo y decidieron crear los animales. El titán Epimeteo, cuyo curioso y esclarecedor nombre significa «el que piensa las cosas después», asumió la responsabilidad de ofrecer a cada uno de los animales recién creados alguna forma especial de protegerse frente a los demás. Así, a las aves, a los murciélagos y a algunos insectos como las propias libélulas les otorgó las alas; a los leones y a los gorilas, su fuerza; a las gacelas, su velocidad; a los pulpos y camaleones, varios disfraces de quita y pon; a las serpientes, sus venenos; a los erizos, sus púas; a las tortugas, sus caparazones; a las avispas, sus aguijones, hasta que, finalmente, llegó el turno de los humanos. Epimeteo quedó desolado cuando se dio cuenta de que ya había gastado todos los dones disponibles y no tenía nada que ofrecer a nuestros antepasados. Lo único que podía hacer era pedir ayuda a su famoso hermano, Prometeo, «el que piensa las cosas antes», y fue este quien dio con la solución: robó a Zeus el fuego de los dioses y se lo regaló a los humanos. Todos sabemos que, al final, la historia del fuego acabó bastante mal y tuvieron que pasar muchos millones de años hasta que la diosa Evolución, la que nada piensa, ni antes ni después, encontró otra solución. Esta deidad, desconocida en las guías de mitología y todavía ninguneada por miles de millones de ingratos humanos, fue la que nos regaló nuestro mejor don para sobrevivir: una extraordinaria caja de herramientas repleta de estrategias y mecanismos de reparación de los innumerables daños biológicos que sufrimos cada día. Lógicamente, este no es un don exclusivo de los humanos, pero la propia Evolución se encargó de que nuestra manera de emplearlo fuera más eficiente, plástica y dinámica que la de la mayoría de las criaturas vivas.

Sin duda, la tarea de estos mecanismos de reparación de daños es abrumadora porque nuestra vida cotidiana es una actividad de alto riesgo. Solo por el mero hecho de estrenar cada mañana nuestra cita diaria con la vida, cada una de nuestros billones de células sufre miles de mutaciones a causa de la radiación ultravioleta, de los numerosos agentes químicos o biológicos que nos rodean y, sobre todo, de la inexorable inestabilidad natural de nuestro material genético. Afortunadamente, muchas de estas mutaciones son corregidas de inmediato por un equipo de eficientes vigilantes compuesto por centenares de proteínas que se ocupan de revisar sin pausa la integridad del genoma y reparar los fallos detectados, con lo que logran evitar que nuestra existencia sea tan efímera como la de las libélulas y las mariposas. Sin embargo, cuando las fuentes de daño genómico son muy intensas o frecuentes, los sistemas de reparación se saturan y son insuficientes para asegurar la corrección de los defectos. Desde ese momento, cada vez que esa molécula de ADN se divida transmitirá los errores a sus moléculas hijas y entraremos en tierras de penumbra, decadencia y enfermedad.

A diferencia de las estrategias de recambio molecular y celular (tercera clave de la salud), las implicadas en los mecanismos de reparación y regeneración son respuestas muy específicas que dependen del tipo concreto de daño infligido a nuestras células. Los daños al ADN inducen una respuesta molecular que arbitra los procedimientos concretos para reparar cada error o alteración, y, si la herida molecular se percibe como irreparable, determina el destino final (muerte o senescencia) de las células correspondientes.

Otros mecanismos velan por el mantenimiento de la proteostasis, término con el que definimos la salud de las proteínas, o por la estabilidad y el equilibrio de entidades subcelulares como los lisosomas y las mitocondrias. Curiosamente, los genes que se ocupan de organizar estos mecanismos de reparación son dianas frecuentes de los mismos daños que pretenden evitar y están en el origen de enfermedades dramáticas y devastadoras para los pacientes y sus familias. En nuestro laboratorio hemos trabajado en algunas de estas graves enfermedades de reparación cuyo estudio siempre me ha aproximado a una cuestión que trasciende la biología: **¿quién vigila al vigilante?**

Finalmente, los mecanismos de reparación se completan con estrategias todavía más complejas y sofisticadas que implican la regeneración tisular y la reprogramación de la identidad celular. La regeneración consiste en la completa restauración de todos los elementos dañados o perdidos en un tejido cualquiera de nuestro cuerpo. Para ello contamos con la inestimable ayuda y el vital compromiso de nuestras células *stem* o progenitoras, aunque no podemos ocultar una incómoda verdad, que algunos prefieren ignorar: nuestra capacidad de regeneración celular se ve progresivamente silenciada por el paso del tiempo. Esta evolutiva realidad hace muy difícil que los profetas de la inmortalidad vean cumplidas sus indecorosas y narcisistas expectativas. Sin embargo, el deslumbrante hallazgo de Shinya Yamanaka, quien demostró que con una sencilla combinación de cuatro proteínas era posible reprogramar nuestras gastadas células adultas y convertirlas en entidades semejantes a las células *stem*, plenas de juventud molecular y potencial funcional, ha ofrecido una nueva esperanza a la medicina. De todas formas, no hay que exagerar ni extraer conclusiones inadecuadas porque, tal como el propio Shinya ha comentado muchas veces, el objetivo de la generación de estas células reprogramadas es curar enfermedades, y no contribuir a hacer realidad improbables sueños de inmortalidad.

En resumen, para disfrutar de una buena salud es obligatorio que cada cosa ocurra donde y cuando es debido, pero además necesitamos tener la seguridad de que podemos cometer errores que no nos costarán la vida. Perder la salud no es perder la vida: tenemos opciones que nos permiten corregir los errores, superar las enfermedades y seguir viviendo. Escucho *El huracán* del Colectivo Panamera y quiero creer que no hablan del amor sino de la salud perdida cuando dicen «ya me he acostumbrado a ir viviendo sin ti [...], hoy igual que ayer te echo de menos, pero el huracán ha pasado ya». Y cuando pasa el huracán de la enfermedad, es probable que venga después una nueva oportunidad. Curiosamente, aprendí de un sabio trompetista gallego apellidado Otero que, cuando conocemos a alguien en la sociedad de nuestros días, lo normal es que no haya segunda oportunidad para la primera impresión. Por fortuna, en la sociedad celular en la que navega la vida y donde siempre prima el altruismo frente al egoísmo, contamos con el gran regalo de esa segunda oportunidad otorgada por la diosa Evolución, que, tras el paso del huracán, nos permite reparar lo estropeado, recomponer lo descompuesto, regenerar lo perdido y hasta reprogramar lo agotado.

Completamos así nuestro intento de definir por primera vez las claves de la salud en términos moleculares y celulares, aplicando en todo momento una perspectiva integradora y positiva. Sin embargo, para transmitir el conocimiento no es suficiente con pensar y escribir: resultaba imprescindible disponer también de la mejor estrategia posible para contar lo que habíamos hecho, pues ya sabemos que contar algo a los demás es la forma más adecuada de comprobar que esa idea que deseamos explicar a los otros también la entendemos nosotros. Fue en este momento en el que Vitruvio volvió a comparecer ante nuestra petición de ayuda y con exquisita generosidad nos prestó el retrato que le hizo Leonardo para que construyéramos en torno a su imagen la figura que resume nuestro trabajo.

Las claves de la salud (López-Otín y Kroemer, «The hallmarks of health», *Cell*, vol. 184, n.º 1, 2021, <https://doi.org/10.1016/j.cell.2020.11.034>)

La alteración de cualquiera de las ocho características o mecanismos determinantes de la salud no solo es patogénica, sino que provoca un desajuste agudo o progresivo del organismo y la pérdida de muchos de los parámetros que definen nuestro bienestar físico o emocional. Este particular intento de abordar de manera integral las claves biológicas de la salud humana conlleva el deseo de avanzar hacia una **medicina de la salud** que, junto con la **medicina preventiva**, pueda complementar a la **medicina de la enfermedad**.

La definición de las claves de la salud, como ya ha sucedido anteriormente con las claves del cáncer o del envejecimiento, también puede ayudar al diseño de estrategias dirigidas hacia la consecución de una mejor calidad de vida y al retraso en la aparición de enfermedades que adelgazan nuestra longevidad. Además, los ocho determinantes biológicos de la salud humana que hemos propuesto están interconectados, por lo que las actuaciones sobre uno de ellos pueden beneficiar a los restantes. Por ejemplo, diversas intervenciones nutricionales o farmacológicas sobre la salud convergen en la inducción de autofagia y hormesis, dos procesos naturales que favorecen la extensión de la longevidad. Recíprocamente, los daños sobre una sola de estas claves pueden conducir a una desorganización biológica global y a la pérdida de la salud. Por tanto, la verdadera fuerza de la salud no está en los determinantes individuales, sino en el conjunto de todos ellos, en su organización armónica y en el dinamismo de su respuesta a las perturbaciones. En suma, son todos estos determinantes colectivos, organizados y dinámicos los que debemos llegar a **conocer para poder curar**.

CAPÍTULO 10

Conocer para curar

París, un domingo cualquiera. Salgo de casa antes del amanecer cargado con mi piedra de Sísifo y dispuesto a emprender una larga caminata en busca del **Gran Mar de Cristal**. Cruzo el río Sena por el Pont Neuf y llego al Louvre, saludo a la Gran Pirámide de Cristal de Ming Pei, sigo caminando por los jardines de las Tullerías hasta la plaza de la Concordia, paso junto al Obelisco, pero tampoco aquí me detengo; continúo por los Campos Elíseos hasta el Arco de Triunfo, atravieso la plaza, sigo caminando, llego al Pont de Neuilly y al fondo ya se adivina el Gran Arco de La Défense, en el que cabe una bella nube y tal vez el universo entero, como en los puntos de Grothendieck o en los folios en blanco de Borges. Estoy ya muy cerca de alcanzar mi destino final, Le Parvis, la gran explanada del distrito financiero de París, rodeada de grandes edificios que acarician el cielo y en los que trabajan decenas de miles de personas. Sin embargo, hoy no hay nadie en este lugar, solo el mar, un mar de vidrio construido por los cristales de los rascacielos, un mar de Cunqueiro al que «se le oye la adolescencia en el vidrio del aire», un mar de Solaris como el de la Fontaine Médicis, un mar invertido como la quinta pirámide del Louvre, pues para verlo hay que mirar hacia arriba y no hacia el abismo. No hay nadie, pero no estoy solo. En una de las esquinas del Mar de Cristal emergen sobre las olas de piedra las enormes figuras de los dos *Personnages fantastiques* de Miró, una «pareja de enamorados de los juegos de flores de almendro», a los que desde lejos mira con curiosidad una gran araña roja de Calder que no teje su tela, solo observa el mundo.

Cambio mi perspectiva vital; ya no camino con un destino premeditado, simplemente deambulo como un *flâneur** por la plaza de los Reflejos mientras escucho *La mer est calme*, una canción muy apropiada por la tranquilidad que se respira en el entorno y porque habla de una pareja de amantes como los gigantes de Miró; con pasmosa lentitud llego hasta la plaza del Iris y, de pronto, algo extraordinario me llama la atención: una gran libélula parece estar sobrevolando uno de los edificios del Mar de Cristal. La visión me asombra y me asusta, lo que creo estar contemplando no es una frágil libélula como las que pintaban Leonardo da Vinci y Joan Miró, es una criatura gigantesca y kafkiana. No pierdo la calma, pienso que tal vez en el Mar de Cristal todo está magnificado, desde los enamorados y las arañas hasta los edificios y los arcos, aunque no descarto que mi propio proceso de metamorfosis emocional se haya extendido a todo lo que me rodea. Intrigado, me acerco al lugar donde he creído ver a la gran libélula y suspiro aliviado: **no es un insecto, es un ángel**. Nunca había visto ángeles en el Mar de Cristal, pese a los muchos domingos que he venido aquí cuando los negocios duermen y la luz de vidrio resplandece. Sin duda es un ángel, un ángel subido sobre una gran esfera en la que se mantiene en precario equilibrio mientras aletea como el hombre de Vitruvio en su circunferencia, o como la libélula azul en el mar de Solaris. Curiosamente, este ángel es muy diferente a todas las criaturas de esta especie que he conocido en mi vida. No se parece en nada al que se distrajo durante su vuelo y acabó estrellado en una azotea de la madrileña calle de los Milaneses, ni a los que hacen sus compras en la Boutique des Anges en el barrio de Montmartre en París, ni al que se apareció a mi querido discípulo Sammy Basso al despertar tras someterse a una peligrosa intervención quirúrgica. Todavía aturdido por el efecto de la anestesia, Sammy abrió los ojos, preguntó a una figura etérea que apareció a su lado si era un ángel, y su maravillosa respuesta fue: «No, soy una enfermera», a lo que a su vez Sammy replicó no menos maravillosamente: «Pues, entonces, creo que he sobrevivido».

Este ángel que acabo de descubrir en el Mar de Cristal tampoco es la enfermera de Sammy; su piel es muy oscura, porque tal vez cometió el mismo error que el imprudente Ícaro o la frágil libélula de Miró, y se acercó demasiado al sol. Además, está muy delgado y sus enormes alas parecen más brazos humanos que alas verdaderas porque al final terminan en unas manos tan grandes y estilizadas como las de un pianista cósmico acostumbrado a interpretar la música pitagórica de las esferas. Confuso, sigo caminando por la explanada y me acerco al estanque que construyó allí el artista griego Takis, el escultor de lo invisible. Antes de llegar, me siento en un banco verde de un tamaño también descomunal y desde el que se puede recorrer con la mirada todo el trayecto que he realizado siguiendo el *eje histórico* parisino desde mi casa junto a la place de la Sorbonne hasta La Défense. Cierro los ojos, el Mar de Cristal sigue en calma y en silencio, y de pronto me doy cuenta con un escalofrío de que el ángel que acabo de ver sobre una esfera es en realidad el mismo «señor muy viejo y con unas alas enormes» que hace unos años cayó desde el cielo al corral caribeño de Pelayo y Elisenda mientras sonaban los acordes de *Losing my religion.*[1] Tras la sorpresa inicial, el ángel caído se convirtió en un icono de salud, como el hombre de Vitruvio o la hélice de ADN, al que acudieron masivamente en busca del bienestar perdido los enfermos más graves y desdichados de otro bello Mar de Cristal, el mar verde del Caribe. Hasta allí llegaron «una pobre mujer que desde niña estaba contando los latidos de su corazón y ya no le alcanzaban los números, un jamaicano que no podía dormir porque lo atormentaba el ruido de las estrellas, un sonámbulo que se levantaba de noche a deshacer dormido las cosas que había hecho despierto, y muchos otros de menor gravedad».

Me gustan las **geometrías**, los **montgolfieres** y las **metáforas**. Creo imaginar que mi encuentro con el icónico ángel de salud en ese Mar de Cristal de una ciudad sin mar es una adecuada metáfora del mantra fundamental de mi vida profesional y hasta personal: conocer para curar. Mientras escucho *La cura* de Franco Battiato, entiendo que el trabajo que afrontamos con Guido para intentar definir las claves de la salud representaba el deseo de integrar el conocimiento actual en torno a esta luminosa palabra de cinco letras que describe el más universal de los deseos humanos. Además, queríamos crear un marco de pensamiento que pudiera contribuir a mejorar la manera de afrontar las enfermedades, las de ahora y las del futuro. Hoy miro al pasado y me siento orgulloso del arte de la medicina y de todos los que han practicado esta disciplina con compromiso y verdad. De nuevo, no son todos los que están, pero me quedo con los muchos que sí son, desde Hipócrates a mi hija Laura, y que conforman una larguísima cadena humana que ha logrado hacer retroceder a numerosos males del mundo y regalar salud, tiempo y vida a millones de seres humanos. Sin duda, en esta larga historia ha habido muchas frustraciones e insuficiencias, y las seguirá habiendo, pero el balance general es brillante y gratificante. La medicina clásica puso los argumentos y los cimientos, recompuso los cuerpos con la habilidad y la osadía de los primeros cirujanos y se aventuró a desarrollar los primeros remedios.

Desde el estanque de Takis, viajo hasta los sanatorios de sus antepasados griegos, en los cuales se rendía culto al sol y al agua, se respiraba quietud y se practicaba una cierta forma de medicina de la salud como complemento a la medicina de la enfermedad. Estimulado por lo que allí vi y aprendí, prosigo mi viaje hacia otro bellísimo mar, el de la costa amalfitana, para conversar con el gran médico Alfano I, arzobispo de Salerno, del que la literatura decía que «había desarrollado el arte de la medicina hasta tal punto que en Salerno no tenía cabida dolencia alguna». Tras nuestra conversación entendí que, ayer como hoy, las noticias médicas son muy propensas al mal de la exageración, pero Alfano tuvo el detalle y la generosidad de regalarme su receta magistral para anestesiar a los pacientes y dormir a los insomnes: «Toma una onza de opio tebaico, luego una onza de cada uno de los siguientes ingredientes: jugo de isquion, mora sin madurar, semilla de zarzamora, jugo de lechuga, cicuta, amapola, jugo de mandrágora y hiedra arbórea. Pon todos estos ingredientes a la vez en una vasija junto con una esponja marina nueva, tal como salga del mar, de modo que no haya entrado nunca en contacto con agua dulce. Y pon la vasija al sol durante la canícula hasta que todos los ingredientes se hayan consumido. Y cuando lo necesites, moja la esponja con un poco de agua caliente y pónsela al paciente en la nariz, que enseguida se dormirá».

Adormecido o intoxicado por el somnífero de Alfano, continúo mi viaje guiado por el hilo invisible de la historia y llego al Renacimiento, y después a la Ilustración, y con ella a la medicina experimental, y saludo a Claude Bernard, y le felicito calurosamente por inaugurar una nueva forma de entender la fisiología y la farmacología. Recapitulo lo hecho bajo el amparo de estas disciplinas y constato que facilitaron una verdadera transición conceptual que permitió progresar desde las pócimas y ungüentos hasta la formulación de los medicamentos. En paralelo, el brillante desarrollo de la ingeniería médica logró abrir ventanas para observar la intimidad corporal, de forma que las técnicas de imagen pusieron luz y transparencia donde antes todo era oscuro y opaco. Estos avances, sumados al progreso de la medicina preventiva y de la salud pública —que nos ofrecieron grandes dosis de higiene y bienestar—, contribuyeron a crear medicamentos y preparar vacunas que erradicaron diversas enfermedades, curaron o controlaron algunas otras y, en definitiva, comenzaron a multiplicar los regalos de tiempo y salud ofrecidos por la medicina.

Sin embargo, este evidente progreso médico era todavía muy insuficiente, pues en muchas enfermedades ni la medicina ni la ciencia ofrecían claras o contundentes oportunidades terapéuticas.

Con un poco de reflexión quedaba claro que, en la ecuación que resumía la búsqueda de la salud en tres vocablos, *conocer para curar*, faltaba algo más, y ese algo más era un componente cuya ausencia derivaba de nuestra profunda ignorancia de lo que acontecía en otra forma de intimidad, la que tiene lugar en el minimalista universo celular y molecular. La búsqueda de respuestas a esta cuestión es la que finalmente nos llevó a la primavera del 53, la época en que el descubrimiento de la estructura doble helicoidal del ADN llenó de contenido a la biología molecular, una joven disciplina que prometió cambiar la medicina. Su desarrollo ha transcurrido en paralelo al de mi propia vida, pues nací en el invierno del 58, así que ya no tengo que viajar en el tiempo a ningún otro lugar que no sea mi propia memoria para recordar lo que he vivido de cerca en torno a la implicación de la biología molecular en la definición en tres palabras de mi particular mantra de la salud: **conocer para curar**.

Con la perspectiva que ofrecen las más de siete décadas transcurridas desde el fulgurante despegue de la biología molecular, creo que es incuestionable que este campo de la ciencia abrió una nueva era en la medicina, pero también en la propia historia del pensamiento humano al demostrar que las claves esenciales de la vida y de las enfermedades podían llegar a explicarse a través del estudio de las estructuras, funciones y transformaciones de macromoléculas como los ácidos nucleicos y las proteínas. En pocos años, y siguiendo la estela de los nuevos conceptos genómicos, se desarrollaron tecnologías mediante las cuales el ADN se pudo aislar, fragmentar y multiplicar de forma ilimitada. De inmediato se establecieron procedimientos para combinar los ADN de distintos organismos, y con ellos se pudieron producir proteínas recombinantes* que hoy ofrecen salud y regalan vida frente a enfermedades tan frecuentes como la diabetes, el cáncer o la artritis. Y así fue transcurriendo el tiempo y, en los albores del siglo XXI, la biología molecular logró por fin, a través del Proyecto Genoma Humano, determinar el orden preciso de los más de tres mil millones de nucleótidos* que configuran nuestro material genético, así como la forma en la que estas sencillas unidades químicas se organizan para construir los cerca de veinte mil genes que determinan nuestras características y hasta nuestras aptitudes. ¿Y qué sucede con nuestras enfermedades?, ¿también están escritas en nuestro genoma?*

En 2001 tuve el privilegio de participar en Estados Unidos en la anotación de la primera versión del genoma humano descifrada por el equipo de Craig Venter. Allí pude constatar que la secuencia disponible era todavía incompleta, pues mostraba huecos e inconsistencias que se han ido completando lentamente en estas dos décadas. Durante aquella aventura anotadora también pude comprobar que se generaron expectativas que no iban a poder cumplirse, y muy especialmente la irritante reiteración de la idea de que estábamos ya a punto de curar o erradicar todas las enfermedades. Nada más lejos de la realidad, ese no era el objetivo del Proyecto Genoma, y quienes así lo pensaban, o bien desconocían la verdadera magnitud de nuestra inevitable imperfección biológica, o bien eran cómplices de la información exagerada y sesgada con la que cada día nos inunda la sociedad de la desinformación. La mayor utilidad médica de este gran proyecto científico fue permitir el avance en la identificación de los genes cuyas mutaciones causan enfermedades hereditarias. Asimismo, se pudo impulsar la definición de las claves de muchos casos de enfermedades *de novo* provocadas por daños genómicos. Estos trabajos han permitido un enorme progreso en el ámbito de las enfermedades minoritarias, también llamadas raras, aunque para las familias que las padecen no son nada extrañas, sino el argumento central en torno al que giran sus vidas.

Afortunadamente, los estudios genómicos han favorecido el consejo genético, de manera que muchas de estas enfermedades hereditarias se pueden anticipar e incluso resulta factible el desarrollo de estrategias muy diversas para atenuar sus efectos o impedir su transmisión a las futuras generaciones de las familias afectadas. Además, la identificación de los defectos moleculares subyacentes a estas patologías genómicas ha facilitado la instauración de tratamientos específicos para algunas de ellas. Todo ello representa un gran avance en el propósito de «conocer para curar», y en nuestro laboratorio hemos podido contribuir directamente a este progreso, lo cual nos ha hecho sentir muy orgullosos y más comprometidos si cabe; pero a la vez hemos sido testigos directos de las muchas insuficiencias que todavía nos acompañan. Hoy, más de veinte años después de la lectura de la primera versión del genoma humano, hay unas tres mil enfermedades hereditarias cuyas mutaciones nos resultan desconocidas. Además, solo hay tratamientos específicos para un porcentaje relativamente pequeño de las cerca de cuatro mil patologías de este tipo con alteraciones genómicas ya descubiertas. Los números de la enfermedad se abrazan de nuevo con las cifras de la desigualdad, pues los determinantes de estas insuficiencias no son solo científicos, sino que derivan de la falta de prioridad científica, y sobre todo económica, que sufre el estudio de síndromes y dolencias que afectan a muy pocas personas. Ante esto, no nos queda otra opción que seguir insistiendo en la idea de que la economía no puede ser el gran determinante de la salud, y recordar que la solidaridad ante la adversidad es siempre una de las más altas cumbres de la humanidad. En este sentido, recuerdo a menudo una frase del Talmud que escuché en la conmovedora película *La lista de Schindler*: «Quien salva una vida, salva al mundo entero».

En suma, muchas luces, pero también abundantes sombras en torno al progreso en las formas actuales de entender y tratar las enfermedades genómicas. Sin duda queda un gran trabajo por delante en todos los ámbitos, pero tampoco podemos olvidar que la mayoría de las enfermedades que afectan a nuestra especie no son provocadas por mutaciones en el genoma, sino por cambios en los otros lenguajes de la vida, como el epigenoma* y el metagenoma,* de los que ya hemos hablado anteriormente, y que son un gran espejo interior de nuestro diálogo con el entorno en el que se desarrolla la vida.

Las alteraciones epigenéticas marcan los ritmos y las pausas de la vida al determinar el tempo de la expresión de la información contenida en nuestros genes. Recordemos que la discreción es una de las claves de nuestra vida interior, por lo que la gran mayoría de los genes prefieren estar en silencio y solo hablan o se expresan cuando se les pregunta o se les necesita. Las instrucciones sobre si hay que hablar o callar son continuas y dinámicas, apenas hay reglas fijas y en cada instante de nuestra aventura vital cotidiana se generan las condiciones o situaciones que inducen los millones de cambios epigéneticos precisos para sobrevivir. Así, dependiendo de la alimentación, de la temperatura, de la actividad física o de las emociones que experimentemos, se irán produciendo estos cambios en la ortografía del genoma en forma de metilaciones en el ADN o de modificaciones en las proteínas que lo pliegan y empaquetan para que funcione con exquisita precisión. Es muy interesante recordar que en la epigenética también hay una segunda oportunidad para casi todo y los cambios son reversibles, de manera que contamos con una notable plasticidad ante los retos diarios que ponen en jaque la homeostasis. Lógicamente, la pérdida de los controles epigenéticos adecuados contribuye a la manifestación de numerosas patologías, algunas de cuyas claves se están comenzando a conocer en detalle, si bien es cierto que la medicina epigenética todavía necesita resolver algunos problemas para progresar con decisión. Tal vez el mayor de ellos sea la relativa falta de especificidad a la hora de corregir las epimutaciones, o alteraciones epigenéticas con significado patológico. En todo caso, la introducción de terapias epigenéticas en el ámbito de la oncología ya ha permitido tratar con éxito a pacientes con diversos tipos de leucemias y linfomas, por lo que cabe anticipar un futuro brillante en este sentido.

De manera análoga, el conocimiento del lenguaje metagenómico escrito en los billones de microorganismos que nos cohabitan ha permitido ampliar de manera extraordinaria nuestra visión de las alteraciones moleculares y celulares que subyacen a la pérdida de la salud. De hecho, durante la elaboración de nuestra propuesta de los determinantes del bienestar somático quedamos sorprendidos al constatar que la disbiosis causada por las alteraciones en la microbiota intestinal comprometía seriamente las ocho claves organizativas que aseguran nuestra salud. La inversión terapéutica en este sentido está alcanzando una progresión geométrica, aunque las aproximaciones son más nutricionales que farmacológicas. El lenguaje de los probióticos,* prebióticos* y posbióticos* se ha convertido en motivo común de conversación en los supermercados, en las farmacias y en las consultas médicas. Sin duda, el futuro de este campo médico y científico es estimulante, pero, como en el caso de las terapias epigenéticas, hay cuestiones pendientes de resolver, entre las que destaca la necesidad de recorrer el camino que lleva de las correlaciones a las causalidades. Además, queda por delante la difícil tarea de tratar de entender con precisión cómo se coordinan y regulan los distintos lenguajes *ómicos*, a fin de que la balanza en la que se pesan la salud y la enfermedad se mantenga el mayor tiempo posible en el lado de la armonía y nos conceda unas buenas dosis de bienestar físico y emocional.

En resumen, el estudio de la lógica molecular de las enfermedades escrita con la cuidada caligrafía de los distintos lenguajes *ómicos* ha comenzado a hacer realidad el afán de «conocer para curar» y ha demostrado su enorme potencial para mejorar nuestra salud. Hemos aprendido que el complejo **arte de la salud** no es patrimonio exclusivo del determinismo impreso en el genoma heredado de nuestros progenitores y portador de las mutaciones y variantes que nos causan algunas enfermedades o nos predisponen a otras. Por ello necesitamos enriquecer y dar sentido al frío lenguaje genómico mediante el empleo de una ortografía epigenómica que interprete nuestra intensa conversación diaria con el entorno, y a la cual debemos incorporar el metagenoma de nuestros cohabitantes microbianos, para evitar sucumbir a la disbiosis y mantener la homeostasis.

Los renovados cimientos de esta forma de afrontar el conocimiento de las claves de la salud están ya asentados, pero, como la enfermedad no duerme ni descansa, muchas mentes y muchas manos siguen tratando de desarrollar nuevos procedimientos y medicamentos que tal vez se conviertan pronto en realidades tangibles en forma de cuantos de tiempo y vida. Dadas las exageraciones a las que nos enfrentamos tan a menudo en el ámbito de la salud, no me atrevo a aventurar grandes revoluciones y me recuerdo a mí mismo la irónica frase de Niels Bohr, uno de los veintinueve sabios de Solvay, «Es difícil hacer predicciones, especialmente del futuro», aunque otras fuentes la atribuyen al escritor Mark Twain o a la leyenda del béisbol Yogi Berra. En todo caso, y mientras algún algoritmo de inteligencia artificial dictamina la verdadera paternidad de la frase, creo que el panorama que se despliega ante nosotros en lo concerniente al progreso de la ciencia biomédica es brillante en lo general, aunque debamos señalar con claridad alguna de sus incertidumbres en lo particular.

Con la reciente llegada del dataísmo al ámbito de la salud, esta nueva metodología ha comenzado a explorar la enorme cantidad de información clínica, biológica y ambiental generada por las tecnologías *ómicas*. Todo apunta a que, en los próximos años, los algoritmos de inteligencia artificial van a estar muy ocupados analizando esta incesante marea creciente de datos masivos sobre la salud y sus alrededores. Con optimismo, quiero creer que los creadores de estos algoritmos artificiales seguirán pidiendo consejo a esa inteligencia natural que se acomoda en la mente humana, para avanzar en el objetivo de integrar, entender y utilizar dichos parámetros en la búsqueda de la salud y en la defensa contra la enfermedad. Los flagrantes errores clínicos cometidos por algunas versiones preliminares de estos algoritmos representan una lección de humildad y una llamada al respeto hacia la atenta mirada humana todavía imprescindible en la relación médico-paciente y de cuya adecuada interpretación dependen nuestra salud y nuestra vida.

El imparable avance científico también va a impulsar el desarrollo de una medicina personalizada y de precisión presidida por el mantra de la especificidad, de forma que cada paciente pueda recibir el tratamiento más adecuado a sus desajustes moleculares, celulares y emocionales. La generalización de métodos eficaces de inmunoterapia y optogenética,* el desarrollo de nuevas tecnologías de imagen que ayuden a detectar las señales tempranas de los daños celulares en nuestro organismo, o la introducción de ingeniosos medicamentos basados en curiosos virus artificiales, eficientes células reprogramadas, sofisticadas proteínas recombinantes o ARN* modificados genéticamente como los creados por los recientes viajeros a Estocolmo Katalin Karikó y Drew Weissman, anuncian un prometedor futuro terapéutico. Además, tras mejorar sus prestaciones actuales, los gemelos digitales, los dispositivos portátiles de automonitorización, los robots blandos, los exoesqueletos flexibles, los organoides* y asembloides,* las impresoras 3D y otras estrategias de ingeniería biomédica comenzarán a satisfacer las demandas farmacológicas, funcionales, tisulares u orgánicas de los usuarios. Por último, deberemos aprender el lenguaje del nanomundo para entender cómo actúan las nanopartículas y los nanorrobots capaces de trasladar un medicamento al más remoto e inaccesible rincón celular donde se haya producido una traición molecular o un naufragio genómico.

En el lado de las dudas y las sombras, debo recordar en primer lugar que apenas han transcurrido dos décadas desde que se publicó la primera edición genómica del gran libro de la vida, por lo que deberíamos ser muy cautelosos antes de reescribirlo sin conocer los detalles precisos de las reglas gramaticales y ortográficas que dotan de significado los mensajes vitales que portan sus páginas. No olvidemos nunca el principio hipocrático *primum non nocere*: lo fundamental es no dañar, por mucho que nos atosigue la presencia cercana de tantas enfermedades todavía incurables. Por otra parte, la implementación de un dataísmo* médico extremo y carente de autocrítica puede provocar un exceso de predictivismo y el desprecio del ambivalente diálogo organismo-ambiente en el mantenimiento de la salud o durante el desarrollo de muchas patologías. Todo ello podría conducir a un exagerado intervencionismo preterapéutico en los prepacientes* y causar daños adicionales que obligarían a sucesivas actuaciones. Entraríamos así en una paradójica espiral de Escher, que no alcanzaría su máximo esplendor cuando todos estemos sanos, sino cuando todos ocupemos un lugar en el listado universal de enfermos o cuasi enfermos.

Finalmente, en el ámbito socioeconómico debemos estar muy alerta ante la posibilidad de que el progreso científico nos arrastre a una nueva forma de **discriminación social**. Por eso habrá que discutir cómo afrontar el elevado coste de incorporar los nuevos elixires de salud a la rutina clínica de unos hospitales públicos integrados en frágiles sistemas sanitarios y sometidos a múltiples avatares biológicos, sociales, económicos y políticos. En cualquier caso, también deberíamos preguntarnos cuál será el coste económico de no implementar con equidad dichos avances, pues tarde o temprano todos tendremos que resolver nuestra propia ecuación de la vulnerabilidad ante una u otra enfermedad. Estas sombras e incertidumbres deben servir como catalizadores de un mayor compromiso médico, científico y social para proseguir el largo viaje de conocimiento hacia el futuro de la salud, sin olvidar nunca que lo realmente importante «no es mantenerse vivo, sino mantenerse humano».[2]

SEGUNDA PARTE

Salud mental: metáfora y verdad

CAPÍTULO 11

La cultura de la vida

Todo va bien. Percibo que la ciencia está progresando y la medicina también. Trato de asegurarme de que mis impresiones son correctas, pregunto a los pacientes que conozco, pero escucho palabras que me dibujan un panorama menos optimista al referirse a enfermedades incurables, dificultades insalvables, miedos insoslayables e incertidumbres insoportables. Quizás haya un sesgo en mi apreciación, pues durante años quienes han acudido a nuestro laboratorio en busca de ayuda o consejo eran en su mayoría familias o enfermos con dolencias muy graves y aparentemente intratables. Escucho el *Adagietto* de Gustav Mahler, un paciente crónico de varios males somáticos y emocionales, y pienso en cómo podría tener una visión más real de la situación. Curiosamente, la música me recuerda a María O-washi, la enigmática presidenta de la primera Cumbre Mundial para el Cambio Oncológico, una científica muy preocupada por las cuestiones del Antropoceno* y a la que conocí durante la escritura de *Egoístas, inmortales y viajeras*. Trato de contactar con ella, pues siempre me han ayudado mucho sus consejos, pero no responde a mis mensajes, por lo que la imagino muy ocupada en las múltiples tareas sobrevenidas tras su éxito profesional y mediático. Impaciente, pregunto al oráculo que tantas veces me ha sacado de apuros y al cabo de unos minutos me responde con su habitual estilo telegráfico basado en mensajes portadores de una sola palabra: *expertos*.

No puedo ocultar que la primera idea que me sugiere esta palabra es la de preguntar a *los mejores profesores europeos*, seleccionados por el grupo Manel. Sin embargo, cuando repaso sus especialidades y su *plan quinquenal* para enseñarme algo tan complejo para mí como hacer el nudo de una corbata, creo que estos profesores no son los más adecuados para la tarea que ahora me ocupa. Sin embargo, su música tan natural y especial me ayuda a entender que lo que debo hacer es consultar a los mejores expertos del planeta en las distintas enfermedades humanas; algo muy fácil de decir, pero absolutamente irrealizable una vez que conocemos las abrumadoras dimensiones de los males del mundo. Asumo que tengo que buscar alguna manera de reducir la magnitud de la complejidad y de pronto se me ocurre una idea tan provocadora como irreal, pues me obligará a superar las barreras del espacio y del tiempo. Pese a ello, y con la única ayuda de la imaginación que siempre me ha acompañado en la ciencia, pero también en la vida, sigo adelante con mi metafórico y onírico plan, aunque en mi mente es indistinguible de la realidad. En primer lugar, decido que, en mi afán de viajar al centro de la salud física y mental y estudiar la situación actual de los principales males del mundo, me ocuparé sobre todo de las enfermedades epónimas, así llamadas porque en su nomenclatura incluyen un nombre propio relacionado con la patología considerada. Después, y ya en un alarde de ensoñación, me atreveré a organizar un congreso imaginario en el que invitaré a algunos de los profesionales de la medicina o de la ciencia que dieron nombre a dichas afecciones. A la hora de seleccionar ponentes, me impongo una única limitación: haber conocido yo mismo, en el curso de mi vida profesional, como mínimo a un paciente de cada una de las patologías descubiertas por los futuros participantes en el congreso. Esta idea siempre ha constituido un gran estímulo para nuestro trabajo científico, pues nos permite hablar de personas y no de números, a la vez que ayuda a poner caras y nombres propios a las frías estadísticas de los males del mundo. Finalmente determino que el protocolo de invitación será por estricto orden alfabético y habrá un único invitado para cada letra del abecedario. De este modo, la reunión será ciertamente restringida, pero tendrá la ventaja de la diversidad de enfoques y además podrá trascender las dimensiones del espacio y del tiempo, pues los ponentes procederán de distintos lugares del mundo y pertenecerán a diferentes épocas de la historia de la medicina.

Comienzo a elaborar la lista de invitados, escucho la maravillosa canción italiana sobre el niño que contaba las estrellas, «*uno, due, tre..., uno, due, cento*», y me doy cuenta de que no tengo que llegar tan lejos con mis cuentas, porque en total el congreso solo contará con veintinueve participantes. No, no me equivoco con las sumas: veintisiete corresponden a los representantes de cada una de las letras del abecedario español, a los que debo sumar el presidente del congreso, cuyo nombre ya tengo en mente, y yo mismo, que realizaré esa función de «coordinación» que ahora tanto se lleva en la gestión de recursos humanos. Debo admitir que la asignación de los invitados correspondientes a la *Ñ* y a la *X* me provocó algunas dudas, pues no conozco ninguna enfermedad epónima para estas letras. Al final, decidí que la extraña eñe, la letra más peculiar del abecedario español, me regalaba la oportunidad de invitar a un representante de los pacientes con alguna de las enfermedades más raras del mundo. Mi invitado fue obvio: Sammy Basso, enfermo de progeria* de Hutchinson-Gilford y un ser humano no menos extraño que la eñe, en su caso por el lado de lo positivo y lo maravilloso. En cuanto a la *X*, esta letra se halla muy bien representada en las patologías humanas por el síndrome X frágil, así es que su codescubridora, la doctora Julia Bell, podía ser una participante muy adecuada. También pensé en la alternativa de Elon Musk, uno de los grandes líderes del mundo actual y dueño de la red social X, que bien puede ser la sede de una nueva categoría de los graves síndromes que padecen los pacientes que estrenan allí cada mañana de sus vidas vertiendo grandes dosis de odio, envidia y perversión con unas pocas palabras aderezadas con varias interjecciones y muchos emoticonos. Tras darle varias vueltas al tema, me decido por Julia, así que finalmente seremos los veintinueve previstos, lo cual es una increíble y mágica coincidencia porque es exactamente el número de asistentes al mítico Congreso Solvay de 1927 del que surgieron preguntas fundamentales acerca de nuestra manera de entender el mundo y la vida.

Quedo asombrado una vez más por el gran poder de los números, que haría sonreír a mi querido Rāmānujan, quien, además, aprovecharía la ocasión para decirme: «29, qué número tan interesante, es un primo de Lucas». Me distraigo un instante de mi objetivo y recuerdo que cada **número de Lucas** es igual a la suma de los dos anteriores en la sucesión definida por Édouard Lucas: 2, 1, 3, 4, 7, 11, 18, 29, 47, 76...; si además es primo como el 29 (divisible solo por sí mismo y por la unidad), entonces resulta que el número total de asistentes a nuestro futuro congreso sobre la salud es uno de los primos de Lucas, expresión esta que no implica parentesco alguno con nadie que porte ese nombre. Mientras me entretenía con estas digresiones numéricas, tuve una nueva epifanía: la sede del congreso no podía ser otra que el hotel Metropole de Bruselas, el bello y elegante lugar que acogió a los participantes en el Congreso Solvay de 1927.

Tras conseguir la financiación precisa y superar todo tipo de trabas burocráticas, el congreso sobre la salud y la enfermedad comenzó a caminar. Cursé las invitaciones, en las que, siguiendo la retórica habitual de nuestra época, indicaba a los ponentes que las presentaciones deberían ser muy breves, a fin de destinar el mayor tiempo posible a las preguntas y a la discusión científica en un ambiente informal. El día largamente esperado por fin llegó, y el 24 de octubre de 2023, a las nueve en punto de la mañana, los veintinueve participantes en el primer Congreso Solvay de la salud nos reunimos en el salón de desayunos del hotel Metropole de la capital belga. Se trataba de un lugar muy peculiar, pues presentaba la misma distribución y diseño que el templo Akshardham de Nueva Delhi, en India. Respetando los tiempos convenidos, algo que pocas veces sucedía en sus propios proyectos, el presidente del congreso entró puntualmente en el salón y, con su llamativa túnica rosa, su larga barba blanca, su penetrante mirada y su cuaderno de bocetos e ideas en la mano, suscitó una enorme curiosidad entre los clientes del hotel que eran muy pocos, pues el antiguo establecimiento se encontraba en plena fase de renovación y las reservas estaban muy restringidas. Verdaderamente, nunca hubieran esperado encontrar en ese tiempo y lugar a una de las más grandes figuras de la historia de la humanidad: Leonardo da Vinci. A muchos les puede extrañar que Leonardo presidiera un congreso médico, pero era con diferencia el mayor de todos los presentes; no en vano había nacido en 1452, trescientos años antes que James Parkinson, científico que le seguía en el podio cronológico de la edad. Además, su condición de polímata o todólogo con amplísimos intereses e incontables talentos le hacía idóneo para un congreso que pretendía ser multidisciplinar, esa palabra tan usada en la actualidad.

Y tras Leonardo, uno a uno, fueron llegando al salón hindú de desayunos el resto de los invitados: el neuropatólogo alemán Alois **A**lzheimer; el cardiólogo español Pedro **B**rugada; el gastroenterólogo estadounidense Burrill **C**rohn; el fisiólogo francés Guillaume **D**uchenne; el oncólogo estadounidense James **E**wing; el neuropatólogo alemán Nikolaus **F**riedreich; el dermatólogo francés Philippe **G**aucher; el patólogo inglés Thomas **H**odgkin; la endocrinóloga alemana Ruth **I**llig; la neuropediatra canadiense Marie **J**oubert; el dermatólogo húngaro Moritz **K**aposi; el neuropsiquiatra español Gonzalo R. **L**afora; el otólogo francés Prosper **M**énière; la pediatra estadounidense Jacqueline **N**oonan; el biólogo molecular italiano Sammy Basso, representante de los pacientes con enfermedades tan extrañas como la letra **Ñ**; el cirujano inglés William **O**gilvie; el polímata inglés James **P**arkinson; el cirujano suizo Fritz de **Q**uervain; el neurólogo austriaco Andreas **R**ett; el pediatra estadounidense Sylvester **S**anfilippo; el neurólogo francés Gilles de la **T**ourette; el oftalmólogo escocés Charles **U**sher; el hematólogo finlandés Erik **v**on Willebrand; el oftalmólogo alemán Otto **W**erner; la genetista inglesa Julia Bell, descubridora del síndrome **X** frágil; el urólogo canadiense Donald **Y**oung; y el pediatra suizo Hans **Z**ellweger.

Todos conocíamos a Leonardo da Vinci, pero él no conocía a ninguno de los presentes ni tampoco hablaba inglés, que es la lengua franca de la ciencia actual. Sin embargo, estos inconvenientes menores se solventaron gracias a la tecnología y a su arrolladora personalidad, que contribuyó a crear en todo momento una atmósfera cálida y estimulante. Además, la presencia del véneto Sammy Basso fue de gran ayuda en este sentido, ya que le tradujo a Leonardo todo lo que no entendía; de hecho, Sammy hizo las veces de asistente personal de Leonardo da Vinci durante todo el congreso, y ambos conformaron una extraña y genial pareja. Tras el desayuno nos acercamos a una de las pequeñas salas del hotel donde iban a tener lugar las sesiones científicas. Leonardo subió al estrado, mientras que yo me acomodé en una de las sillas del fondo, donde siempre hay sitio, como dicen los camareros de los bares españoles y el propio Richard Feynman cuando fundó la nanotecnología. Desde allí, exactamente en el mismo espacio que ocupaba el chófer de Einstein en las conferencias que impartía el profesor, escuché con admiración y emoción las primeras palabras del artista italiano acerca de las principales cuestiones de la salud y la enfermedad que debíamos tratar en el congreso. En su intervención no faltaron palabras muy queridas por mí, como **armonía**, **equilibrio** y **geometría**. Después, Leonardo nos recordó que hacía ya casi un siglo, un grupo de físicos y químicos se había reunido en ese mismo entorno para reflexionar sobre «fotones y electrones» y acabaron discutiendo acerca de si Dios jugaba o no a los dados.

Sin duda, sus sabias palabras eran una clara invitación a emplear el tiempo que íbamos a compartir en mirar a lo lejos y sin ninguna limitación. Nos advirtió que no nos preocupáramos si durante las conferencias percibíamos anomalías en el movimiento de la flecha del tiempo, una cuestión que a él mismo le había interesado mucho desde que se dio cuenta de que con sus dones sensoriales era capaz de detener el vuelo de las libélulas o el instante que precede a una sonrisa. Finalmente, nos recordó que los viajes en el tiempo son posibles a través de la música, de la pintura y de la literatura, pero también por medio de las palabras, y por eso nos regaló dos curiosos vocablos, **analepsis** y **prolepsis**, para que nos guiaran en esos saltos del tiempo hacia el pasado y hacia el futuro que íbamos a experimentar.[1] Y, sin más dilación, el gran Leonardo da Vinci se retiró discretamente a su asiento y cedió el atril al primer ponente, Alois Alzheimer, el hombre que puso nombre a la *enfermedad del olvido*.[2]

El doctor Alzheimer no desmentía a sus ancestros germánicos: alto y robusto, era un hombre imponente con una enorme cicatriz que cruzaba su mejilla izquierda desde la base del ojo hasta la barbilla, recuerdo imborrable de un duelo a sable librado en su juventud. Tras agradecer la invitación al congreso en un inglés con un marcado acento alemán, Alois comenzó a relatar cómo descubrió la enfermedad que años después llevaría su nombre. Tuvo que remontarse hasta el 26 de noviembre de 1901, el día que conoció a Auguste Deter, una paciente de cincuenta y un años que acudió a su consulta en la Institución para Enfermos Mentales y Epilépticos de Fráncfort. Tras titubear con el manejo del mando a distancia, sin duda por falta de costumbre, Alois Alzheimer dio paso a la primera diapositiva de su presentación y la imagen de Auguste ocupó la pantalla por completo. La paciente era una mujer muy delgada, de pelo largo y oscuro, y con un aspecto tan demacrado que le hacía aparentar muchos más años de los que en realidad tenía.

El doctor Alzheimer nos leyó pausadamente la nota manuscrita con la descripción que le había remitido el médico de cabecera de Auguste: «Padece serios problemas de memoria, así como de insomnio. Está confundida e inquieta». A continuación, relató el interés especial que le había suscitado esta paciente, lo cual le impulsó a hacer un seguimiento clínico detallado y continuo mientras permaneció en aquella institución. Por último, sacó de su gastada cartera de cuero una carpeta de cartón de color azul en la que, según comentó, había ido anotando minuciosamente las conversaciones mantenidas con Auguste. Esta historia clínica tenía treinta y dos páginas, algo bien conocido porque casi cien años después de que el doctor Alzheimer hubiera tomado aquellas notas, fueron recuperadas de unos olvidados archivos y publicadas en la revista *The Lancet*.[3] Sin embargo, la oportunidad de escuchar en directo las propias palabras del neuropatólogo, que es como él mismo se definía, generó en la audiencia una emoción fácil de entender, pero difícil de explicar. Alois no quiso extenderse, así que solamente nos leyó la primera anotación de su cuaderno —«sentada en la cama, los ojos llenos de angustia»— y las respuestas de Auguste cuando le preguntó por su nombre y otros datos básicos relativos a su vida. De inmediato, el doctor Alzheimer nos contó que la paciente intentó expresarse con voluntad y esfuerzo, pero al cabo de un rato Auguste lo miró con esos ojos angustiados que ya había observado en ella y solo alcanzó a decir: «*Ich habe mich verloren*» («Me he perdido»).

Estas pocas palabras de una enferma sin memoria y sin futuro, pero con miedo, fueron un auténtico interruptor emocional cuyo efecto se expandió y reverberó por toda la sala, y que será difícil de olvidar para los que tuvimos el honor de estar allí en ese momento. A continuación, Alois Alzheimer pasó ya sin titubear a su segunda diapositiva y con brevedad mostró los hallazgos de sus estudios histopatológicos del cerebro de Auguste, al que tuvo acceso tras la muerte de su paciente el 8 de abril de 1906. Alois contó que lo que más le había llamado la atención en esas muestras fue la presencia en el tejido cerebral de dos extrañas estructuras a las que definió como placas y ovillos. Las placas parecían corresponder a depósitos proteicos que se acumulaban en los espacios intercelulares, mientras que los ovillos se encontraban en el interior de las neuronas. Añadió que, tras observar estas mismas lesiones en las necropsias cerebrales de otros tres pacientes con el mismo cuadro clínico de Auguste, pensó que podían ser las responsables de haber intoxicado y destruido las células nerviosas, con lo cual transformaron a los enfermos «en nadie, en nada y en olvido».

Y tras esta reflexión tan puramente borgiana, Alois Alzheimer, con infinita modestia, señaló que eso era todo lo que tenía que contarnos. Sus últimas palabras fueron para recordarnos que, siendo todavía joven, compareció en su propia vida otra grave enfermedad que le obligó a alejarse poco a poco de su trabajo, hasta que un día de diciembre de 1915, con solo cincuenta y un años, se despidió del mundo y viajó a los confines del tiempo. Y en ese lejano lugar donde terminan los vientos había permanecido con tranquilidad hasta ese día de octubre de 2023 en el que había regresado a la realidad para intentar contribuir a un bello propósito: discutir sobre las claves de la salud y de la vida.

Sentado o, más bien, arrebujado en mi silla del fondo de la sala pensé que si Rāmānujan con sus números había conocido el infinito, Alzheimer con sus placas y ovillos había comprendido el olvido. Dos diapositivas y diez minutos habían sido suficientes para explicarnos el «olvido que seremos»,[4] algo que he tenido la triste oportunidad de contemplar en directo en mi propia familia. Tras un silencio que me pareció eterno, Leonardo recuperó el aliento en nombre de todos y tomó la palabra de nuevo para abrir el turno de preguntas para Alois. Con la intención de romper el hielo, el propio Alois comentó con una sonrisa que la primera vez que presentó estos estudios ante sus colegas reunidos en un congreso de psiquiatría y neurología celebrado en Tubinga a finales de 1906, nadie le había formulado ni una sola pregunta. Después añadió que, ante el inesperado desdén de sus colegas, se tuvo que retirar frustrado y en recogido silencio a su asiento, desde donde escuchó las dos siguientes ponencias, que, sin embargo, despertaron un interés extraordinario en la audiencia. Leonardo le preguntó con su habitual simpatía y naturalidad acerca del tema de esas dos interesantes charlas y Alois respondió que se acordaba perfectamente porque a él también le llamaron mucho la atención: la primera versaba sobre una mujer obsesionada con la masturbación y la segunda abordaba los problemas mentales de un joven fetichista atormentado con su curiosa afición.

Sin duda, la anécdota relatada por Alois tuvo el efecto relajante pretendido por Leonardo y las preguntas sobre su charla se multiplicaron. Las primeras cuestiones giraron en torno a los avances en el estudio de las causas de la enfermedad de Alzheimer. Alois, tras insistir de nuevo en que solo podía responder con lo que le habían contado o lo que se había publicado al respecto, señaló que se había progresado mucho en la identificación de las formas hereditarias de la enfermedad, pues se habían descubierto los genes de las presenilinas y la proteína beta amiloide, cuyas mutaciones están implicadas en el desarrollo de este mal que lleva al olvido. A continuación, y para asombro de la audiencia, nos contó el caso de la comunidad colombiana de Yarumal, donde varios miles de personas han padecido, padecen o padecerán «la maldición o la bobera», pues así es como llaman allí a una forma hereditaria y precoz de la enfermedad de Alzheimer causada por una mutación en el gen de la presenilina 1 que se viene transmitiendo desde principios del siglo XVII, cuando un español portador de este daño genético se estableció en la región. Después, el doctor Alzheimer comentó los avances en la asociación de polimorfismos genéticos, como el denominado ε4 en el gen de la apolipoproteína E (*APOE*), que se asocian con un alto riesgo de desarrollar la dramática enfermedad del olvido.[5] Sin embargo, Alois recalcó que la mayoría de los casos no son hereditarios, sino que su origen está en gran medida en los defectos provocados por el paso del tiempo en los mecanismos de reciclado de proteínas. En suma, tenemos defectos en la proteostasis,* los procesos que cuidan la salud de las proteínas, y que ahora se ponen de manifiesto con mayor frecuencia porque vivimos mucho más que cuando él describió esta patología. El doctor Alzheimer cerró su respuesta con estas palabras: «El resultado final es el que todos sabemos: decenas de millones de personas en todo el mundo padecen hoy la enfermedad que mis colegas alemanes quisieron que llevara mi nombre».

Las siguientes cuestiones versaron sobre los mecanismos biológicos que causan la enfermedad de Alzheimer. En este punto, Alois se mostró exultante y no pudo reprimir su orgullo al responder que se habían logrado identificar las proteínas que él mismo había observado por primera vez tras dialogar a través de su microscopio con el cerebro de Auguste Deter. Las placas estarían formadas por acúmulos de la proteína llamada beta amiloide, mientras que los ovillos derivarían de fibras aberrantes y desorganizadas de la proteína tau. La satisfacción del doctor Alzheimer estaba plenamente justificada, porque estos hallazgos habían validado su propio trabajo realizado varias décadas antes y, por añadidura, habían puesto nombre concreto a esos extraños componentes que él había postulado como responsables fundamentales de la enfermedad. Sin embargo, su semblante cambió por completo cuando escuchó las últimas preguntas a propósito de los tratamientos actuales para combatir la enfermedad de Alzheimer. Entre los veintinueve participantes en este primer Congreso Solvay de la salud, había grandes e históricos expertos de la neurología, y el debate fue muy rico en ideas y propuestas para el futuro, pero la realidad se impuso y Alois cerró su intervención reconociendo con cierta amargura que, pese a que habían trascurrido casi ciento veinte años desde sus descubrimientos, todavía no existía ningún tratamiento que pudiera curar con rotundidad su epónima enfermedad.

Con cierto desaliento, Leonardo dio paso al segundo ponente, el doctor Pedro Brugada, que subió al estrado dispuesto a hacernos recuperar un poco el ánimo y la esperanza. Pedro nació en 1952 en Banyoles (Girona) y se formó como cardiólogo en Barcelona, pero su trabajo más importante en el ámbito de la investigación cardiológica lo ha llevado a cabo en Bélgica, más concretamente en un hospital de la ciudad de Aalst muy próximo al lugar en el que estábamos celebrando nuestro congreso. Pedro contó con precisión y concisión cómo fue el trabajo que condujo a que, en colaboración con su hermano Josep, describieran en 1992 la grave enfermedad cardiológica que recibe el nombre de síndrome de Brugada y que cursa con arritmias, paradas cardiacas y, en muchos casos, muerte súbita. Pedro mostró con orgullo los electrocardiogramas de los primeros pacientes con esta patología que fueron examinados tras ser «resucitados de muerte súbita», y señaló los patrones anómalos que se detectaban en sus registros eléctricos.

Las imágenes estuvieron acompañadas de las siguientes palabras, que apunté en mi libreta de notas: «Es una enfermedad terrible y la más letal que jamás pudiera imaginarse. Se cobra la vida de hombres sanos y productivos que no tienen idea de que la padecen. En Asia es la segunda causa de muerte de hombres jóvenes después de los accidentes de tráfico. Se han registrado casos en bebés, y el único tratamiento efectivo es la implantación de un desfibrilador». Esta última frase fue precisamente la que nos devolvió la esperanza: la enfermedad era dramática, pero había una forma de evitar el destino fatal. La discusión se centró entonces en el origen del síndrome, y el doctor Brugada comentó su carácter hereditario dominante y el hallazgo —con la ayuda de su hermano Ramón— de los genes cuyas mutaciones la causan, entre las cuales las más frecuentes son las que afectan a *SCN5A*, el gen codificante de una proteína que funciona como un canal de sodio cardiaco. Pedro añadió con severidad que los pacientes pierden el equilibrio en el flujo de iones de sodio que entran y salen de las células cardiacas, después pierden el ritmo cardiaco y, finalmente, muchos acaban perdiendo la vida. Concluyó su intervención señalando que estos hallazgos han abierto la posibilidad de ofrecer consejo genético a todas las familias afectadas por esta enfermedad y llegar a conseguir su completa erradicación en las próximas generaciones.[6]

La emocionante charla del doctor Brugada me trasladó unos pocos años atrás, cuando, por sugerencia de mi querido amigo cardiólogo José Julián R. Reguero, acudió a nuestro laboratorio una chica asturiana que venía a verme porque «tenía ya la edad a la que en su familia comenzaban a morirse». Esta historia con un comienzo tan impactante acabó por llevarnos al descubrimiento de un gen (*FLNC*) cuyas mutaciones causan muerte súbita y determinan que sus portadores se despidan de la vida cuando todavía no han usado muchos de esos tres mil millones de latidos que nos corresponden al llegar al mundo.[7] Después, también pudimos contribuir a la instauración en nuestro entorno de un programa de cribado clínico y molecular impulsado por la doctora Rebeca Lorca, que ha permitido y seguirá permitiendo salvar vidas a través del consejo genético y la implantación de esos mismos desfibriladores que acababa de mencionar Pedro Brugada.

La balanza quedó equilibrada tras estas dos intervenciones, muy representativas de dos mundos corporales distintos, el corazón y el cerebro, rivales en la consideración histórica de su relativa importancia, pues para Aristóteles el corazón era el centro del cuerpo humano y el cerebro, apenas una nevera para enfriar el calor generado por el metabolismo corporal. Después tuvieron que venir otros sabios como Santiago Ramón y Cajal para poner un poco de jerarquía cerebral y poetas como Rainer Maria Rilke para equiparar y hermanar los dos mundos: «Detén mi corazón y latirá mi cerebro». Con las presentaciones de Alois Alzheimer y Pedro Brugada quedó patente que el mantra «conocer para curar» tenía todo el sentido; sin embargo, también parecía que en enfermedades tan frecuentes como las neurológicas o las cardiacas tal vez el grado de conocimiento que teníamos en pleno siglo XXI todavía distaba mucho de ser suficiente. Afortunadamente, la lista de ponentes era muy larga e íbamos a tener oportunidad de seguir avanzando en nuestro análisis de las cuestiones fundamentales en torno a la salud humana.

A continuación, intervino el doctor Crohn, un gran representante de las enfermedades epónimas cuyo nombre comienza por la tercera letra del abecedario. Burrill Crohn comenzó su presentación remontándose a 1932, cuando, en el hospital Monte Sinaí de Nueva York, en su calidad de médico gastroenterólogo, definió por primera vez las características de una enfermedad inflamatoria gastrointestinal que cursaba con intenso dolor abdominal, diarrea, pérdida de peso, anemia y fatiga. Por último, añadió que los pacientes sufren problemas extraintestinales que llegan a afectar a la piel, principalmente, pero también a las articulaciones y a los ojos. La intervención del doctor Crohn fue seguida con mucho interés, tanto en lo general como en lo particular, pues yo mismo conocía a muchos pacientes con esta patología y en la sala había un ponente que también la padecía, lo cual no es extraño, pues todos sabíamos que su incidencia ha aumentado de manera considerable en las últimas décadas. Burrill, serio y concentrado, se adelantó a las preguntas, pues tras su presentación acerca de la enfermedad pasó directamente a señalar que su origen es complejo y multifactorial, e implica una combinación de factores ambientales, nutricionales, inmunitarios y microbiológicos en individuos genéticamente predispuestos a su desarrollo. Por último, hizo hincapié en que, pese a que ha transcurrido casi un siglo desde la descripción de su enfermedad epónima, este mal sigue siendo incurable y las opciones terapéuticas pasan en gran medida por tratar de reducir los síntomas y prevenir las recaídas de una patología que merma gravemente la calidad de vida de los pacientes.[8]

Tras estas palabras que devolvieron el tono pesimista a la audiencia, el doctor Crohn miró con calma a los asistentes y, dándose cuenta del desánimo que había generado, dijo sin ambages: «En el conocer para curar, hay que perseverar; en los últimos años se ha producido un avance extraordinario que va a ayudar a los enfermos de Crohn y a personas que sufren de patologías muy diferentes». Así fue como en aquella sala del hotel Metropole de Bruselas se iban a pronunciar por primera vez tres palabras, *metagenoma*, *mi-*

crobioma y *disbiosis*, que eran también nuevas para los oídos de muchos de los allí presentes. El doctor Crohn sonrió y recordó que su familia y sus amigos sabían que en su vida coexistían dos pasiones, la jardinería y la gastroenterología, y que ambas estaban sutilmente unidas entre sí, pues en la primera él se ocupaba de sus propias flores y en la segunda cuidaba la flora de sus pacientes, la llamada flora bacteriana. Con este paralelismo tan sencillo como genuino, el doctor Crohn introdujo a los asistentes en las claves del lenguaje metagenómico y de la creciente importancia del microbioma y la disbiosis para entender la salud y las enfermedades humanas. Desde el fondo de la sala pensé que, de pronto, aquella sesión había alcanzado una nueva dimensión.

A continuación, se aproximó al atril Guillaume Duchenne de Boulogne, el mítico descubridor de la distrofia muscular que lleva su nombre, además de un excelente fotógrafo, y a quien tenía mucho interés en conocer y escuchar desde que supe de su estrecha relación epistolar con Charles Darwin. De esa correspondencia Darwin extrajo varias fotografías de los pacientes de Guillaume, que incluyó en su libro *La expresión de las emociones en el hombre y en los animales*, una obra que no alcanzó la trascendencia de la referida al origen de las especies, pero que en mi opinión es también de obligada lectura. Curiosamente, el aspecto de Duchenne no distaba mucho del exhibido por Darwin. Ambos pertenecían a la misma época y su manera de vestir era muy parecida, aunque Guillaume portaba unas largas y pobladas patillas blancas en lugar de la bien conocida barba darwiniana.

El doctor Duchenne se remontó mucho más atrás en el tiempo que los ponentes precedentes, pues fue en 1868 cuando definió por primera vez las características distintivas de su enfermedad epónima. Nos recordó que esta grave distrofia muscular ligada al cromosoma X —y que, por consiguiente, solo afecta a los varones— es la más frecuente de las distrofias que acontecen en la infancia; se caracteriza por una debilidad muscular que comienza a edad muy temprana y sigue un curso progresivo y estereotipado, que he podido contemplar de cerca y con impotencia en casos muy próximos. Así, habitualmente, los pacientes pierden la marcha antes de la adolescencia y su fallecimiento ocurre en la segunda o tercera década de la vida por complicaciones respiratorias o cardiacas. Después, el doctor Duchenne comentó los avances científicos que han permitido la identificación de las mutaciones en la distrofina, una proteína esencial para el mantenimiento de la estructura y función de las fibras musculares. Sin embargo, y pese a que estos hallazgos han contribuido a un mejor manejo clínico del curso natural de la enfermedad y a una extensión de la supervivencia de los pacientes, la realidad es que ciento cincuenta y seis años después de su definición como entidad patológica no existe ningún tratamiento curativo para la distrofia muscular de Duchenne.[9]

El propio doctor Alzheimer, que no había dejado de tomar notas durante la charla de su colega, alzó la mano derecha para pedir la palabra y pidió opinión al doctor Duchenne sobre el futuro terapéutico de esta enfermedad. Guillaume, al igual que los que le habían precedido en el estrado, quiso ser optimista y resumió lo que a su juicio eran las líneas de trabajo más prometedoras. En su respuesta a Alois Alzheimer, Guillaume Duchenne incluyó expresiones como «oligonucleótidos antisentido», «saltos de exón», «genes editados con CRISPR-Cas9»* o «células reprogramadas *a la Yamanaka*»,[10] que sonaron nuevas y estimulantes en la mente de Alois. Así que, sin dudarlo y con encomiable modestia, el doctor Alzheimer se apresuró a coger su vieja pluma estilográfica y se dispuso nuevamente a tomar apuntes. De esta manera terminó la charla de Guillaume, que, satisfecho tanto por lo que había enseñado como por lo que había aprendido, esbozó su inconfundible sonrisa epónima, la famosa sonrisa de Duchenne, esa mueca de felicidad que se construye no solo por la actividad de los músculos de la boca, sino también por la de los ojos. Con ella dibujada en su rostro, el doctor Duchenne recogió sus notas y abandonó el atril.

Seguidamente, llegó el turno del quinto ponente, el doctor James Ewing, que, además de representar a la quinta letra del abecedario, trajo a la sala la voz de la oncología. James, uno de los grandes pioneros del estudio riguroso del cáncer, subió al estrado sin mostrar ninguna huella de la grave osteomielitis infantil que le mantuvo postrado en cama durante dos años, en los que las clases de un profesor particular y el microscopio que ganó en un concurso escolar le ayudaron a encontrar su vocación. James comenzó su intervención recordando que el sarcoma de Ewing es un tumor maligno que se forma en los huesos o en el tejido blando que los rodea y que afecta preferentemente a niños, adolescentes y adultos jóvenes. En ese mismo instante me vino a la mente la nítida imagen de una niña saharaui a la que esta enfermedad no le dio ninguna oportunidad de reconstruir un futuro que fue casi siempre imperfecto, y de la que todavía conservo un pequeño y precioso regalo con el que quiso agradecerme una atención que no se pudo concretar ni en tiempo de salud, ni en tiempo de vida. Las sabias palabras y el firme tono de voz del doctor Ewing me hicieron retomar la atención, justo en el momento en que explicaba que la enfermedad surge como consecuencia de alteraciones cromosómicas que suelen afectar a un gen llamado *EWSR1*, y que determina la transformación de células sanas y altruistas en entidades enfermas y egoístas que aspiran a la inmortalidad.

Tras una breve pausa, James pasó a relatar la evolución de los tratamientos contra el sarcoma de Ewing desde que él mismo describiera la enfermedad en 1921. Su discurso fue a la vez optimista y realista. Insistió en que la consideración de la palabra *cáncer* como sinónimo de muerte ya había quedado desterrada en muchos tipos de tumores, y el sarcoma de Ewing no era una excepción. Para avalar su afirmación, el doctor Ewing mostró unos gráficos de supervivencia en los que se observaba que, gracias al progreso de los tratamientos que combinan quimioterapia, cirugía y radioterapia, la supervivencia a los cinco años de los pacientes con sarcoma de Ewing se acercaba al 70 %. Sin embargo, no quiso ocultar que cuando las células sarcomatosas no se conforman con ser egoístas e inmortales y se tornan aventureras y viajeras, la enfermedad se vuelve metastásica y las tasas de supervivencia decaen drásticamente. El turno de preguntas se consumió rápidamente; la intervención había sido muy clara y dejaba poco lugar a las dudas. Además, había llegado la hora de la pausa nutricional, y ese placer natural no lo suele perdonar nadie, ni siquiera los portadores de las mentes más privilegiadas. De hecho, Alois Alzheimer fue el único que quiso saciar su curiosidad antes que su apetito y, sin vacilar un instante, preguntó al doctor Ewing por los posibles tratamientos futuros para el sarcoma de Ewing, pero también para otros tipos de tumores malignos, como los cerebrales, más cercanos a sus propios intereses científicos y que, por lo que le habían contado, seguían teniendo con frecuencia un pronóstico muy poco favorable.[11]

El doctor Ewing respiró hondo y, tras resumir los avances en la cirugía y en la radioterapia tumorales, entre los cuales figuran el uso de robots (que curiosamente llevan el nombre del presidente de nuestro congreso) y la aplicación de nuevas técnicas como la protonterapia, sintetizó las principales líneas de la investigación actual en tres estrategias: el desciframiento de los genomas del cáncer, la quimioterapia personalizada y la inmunoterapia, todas las cuales han enriquecido de manera extraordinaria la oncología de nuestros días. Finalizó su exposición diciendo que la conjunción de todo este conocimiento va a contribuir a que el cáncer pierda parte de su estigma social y se convierta en una enfermedad a la que no solo en lo global, sino en cada uno de los tumores particulares, por muy agresivos que sean, resulte más fácil sobrevivir que sucumbir. Desoyendo el rumor de los que ya estaban realmente saturados de información, el doctor Alzheimer volvió a levantar la mano y dijo cándidamente: «Perdón por mi ingenuidad, pero entonces, ¿el cáncer no se va a erradicar nunca?». La respuesta del doctor Ewing fue tan breve como contundente: «El cáncer, como el alzhéimer y como todas las enfermedades que forman parte de nuestro legado evolutivo, nos acompañará siempre. Mientras subsista una parte de materia biológica en nuestros cuerpos y no nos convirtamos en esos robots que parece que ya han comenzado a reemplazarnos, el cáncer seguirá con nosotros. Nuestra tarea y nuestra obligación es seguir avanzando en el lema central de este congreso, conocer para curar, pero en el caso del cáncer hay un término adicional que debemos incorporar a la ecuación: prevenir para vivir».

Tras estas palabras, Leonardo da Vinci se levantó de su asiento en el centro de la primera fila, agradeció las intervenciones de los ponentes y del resto de la audiencia e invitó a todos a disfrutar de la comida y del descanso. Desde el fondo de la sala observé como esa colección de sabios de la historia que habían trascendido las dimensiones del espacio y del tiempo se encaminaban al comedor del hotel que nos acogía. Cinco charlas fueron suficientes para que en mi mente se instalara una imagen muy clara de la manera en la que ahora afrontamos la búsqueda de la salud y la curación de la enfermedad. Además, las intervenciones de ponentes y asistentes fueron un auténtico paradigma de una idea que aprendí de mis maestros y traté de enseñar a mis discípulos: en la ciencia, como en la vida, hay que saber preguntarse lo esencial. Esta reflexión me trajo el recuerdo del gran Isaac Newton, que pese a su descomunal talento también sufrió los avatares derivados de la fragilidad humana. La historia nos ha legado una simpática anécdota relativa a la que fue su última participación registrada en el Parlamento británico, del que el físico inglés formaba parte. Allí, con absoluta discreción, levantó la mano derecha para intervenir, y los asistentes se dispusieron a escuchar al maestro con silencio reverencial mientras el secretario del Parlamento se preparaba para tomar nota de aquellas palabras de Newton, que pasaron a la historia: «Hace frío, ¿pueden cerrar la ventana?». Sin duda, un ejemplo maravilloso de una mente que supo hacerse las preguntas esenciales a lo largo de toda su vida.

Curiosamente, el recuerdo de Newton me trajo el de mi padre, un complejo ser humano que me enseñó el valor de formularme las preguntas adecuadas. Aprovechando la pausa de la comida, y con el privilegio que suponía compartir mesa y mantel con los ponentes de la primera sesión de charlas del Congreso Solvay de la Salud, me atreví a hablar de mis particulares preguntas paternales. Comencé relatando que, hacía más de dos décadas, en nuestro laboratorio habíamos contribuido a descifrar el genoma del ornitorrinco, una extravagante criatura con gran interés evolutivo y biomédico. Nuestro trabajo se publicó en portada en la revista *Nature* y tuvo una notable repercusión en muchos medios, incluyendo RTVE y *National Geographic.*[12] La noticia llegó también a mi padre, que seguía viviendo en el mismo lugar del Pirineo aragonés donde había nacido. La verdad es que en nuestro pueblo siempre se dijo de él que era muy inteligente y, pese a carecer de cualquier formación académica, su curiosidad le animaba a seguir con mucho interés nuestro trabajo sobre genes y genomas del cáncer o acerca del desarrollo de tratamientos contra el envejecimiento patológico u otras enfermedades minoritarias. Por eso, tras ver en el telediario nuestro hallazgo sobre el genoma del ornitorrinco, decidió llamarme al laboratorio. Descolgué el teléfono; me sorprendió mucho escuchar su voz porque no era domingo y, desde que salí de casa a los dieciséis años, durante toda mi vida el domingo ha sido siempre el día escogido para hablar con la familia. Sin duda, si mi padre quería comunicarse conmigo era porque tenía algo esencial que decirme, y por un instante tuve miedo de que su llamada fuera una de esas que trae noticias que convocan dolores insoportables. Sin embargo, no tuve tiempo de entretenerme en incertidumbres porque, sin preámbulo alguno, mi ahora añorado padre me formuló esta gran pregunta: «Hijo, ¿no tienes nada más importante que hacer?».

Leonardo saludó mi relato con una entrañable sonrisa y me animó a contar alguna otra anécdota. No tuvo que insistirme mucho. Continué enseguida mi relato diciendo que, tras sufrir diversas vicisitudes, mi padre había superado los noventa años y se había convertido en uno más de los muchos millones de seres humanos que padecían la enfermedad del olvido descubierta por nuestro compañero de mesa Alois Alzheimer. El progreso de su mal fue rápido y no tardó en llegar su momento de despedirse de la vida. Tuve la fortuna de poder decirle adiós antes de que comenzara su viaje al Gran Mar del infinito; sus últimas palabras, nunca lo olvidaré, fueron: «Hijo, ¿habrá que desayunar, noooo?». Así es, sus últimas palabras iban destinadas a una pregunta esencial en relación con la vida, sin duda tan importante como la que formuló Newton en el Parlamento británico, y con profundidad similar a cualquiera de las que podamos hacernos nosotros mismos en torno a las claves de la salud y de la enfermedad.

Tras esta emocionante pausa volvimos todos a la sala de conferencias y, a lo largo de tres días, el congreso siguió transitando por los mismos cauces de brillantez que habíamos disfrutado desde su comienzo. A razón de nueve presentaciones al día, cinco por la mañana y cuatro por la tarde, fueron compareciendo ante el atril los veintisiete ponentes. Entre los que siguieron a los ya mencionados hubo varios genetistas y cirujanos, pero también muchos otros representantes de esas grandes sagas de «ogos» y «atras» que cuidan de nuestra salud: neurólogos, patólogos, dermatólogos, endocrinólogos, oftalmólogos, urólogos, hematólogos, pediatras, psiquiatras... Todos ellos relataron su experiencia particular, pero al final los mensajes acabaron siendo convergentes y, para no alargar más la narración, voy a resumirlos en una sola frase: muchas de las enfermedades a las que hoy nos enfrentamos tienen unas raíces muy antiguas y, pese a los extraordinarios avances en su caracterización, los años pasan y muchas de ellas siguen sin encontrar tratamiento.

El congreso terminaba, y todos esperábamos algo que hoy en día ya no suele darse: la intervención final de una o varias mentes integradoras que nos expliquen la trascendencia de todo lo hablado y discutido con anterioridad. De hecho, recuerdo que a menudo ocurre lo contrario, porque lo he vivido en varias sesiones de clausura de grandes congresos internacionales con miles de inscritos, y a las que solo acuden el ponente y un reducido grupo de colegas cercanos. Este triste hecho puede explicarse porque la mayoría de los participantes están ya cansados de tantas charlas apretujadas hasta lo intolerable y acaban por salir corriendo hacia el aeropuerto para volver a casa y no tener que pasar el fin de semana lejos de su familia, de sus parejas, de sus hijos, de sus amigos... En nuestro caso, nada de esto pasó porque, una vez terminadas las ponencias, Leonardo da Vinci subió de nuevo al estrado, tomó la palabra y ofreció unas reflexiones que nunca olvidaré:

> Antes de nada, quiero disculparme ante ustedes, o mejor dicho ante vosotros, porque mi conocimiento de la medicina es minúsculo comparado con el de todos los que os habéis reunido aquí estos tres densos e intensos días. Gracias por compartir vuestras experiencias, discutir vuestros resultados e intercambiar vuestras opiniones sobre enfermedades que vosotros mismos descubristeis y que afectan a muchos millones de personas o solo a unos pocos seres humanos. En realidad, eso es lo de menos. Cuando se habla de enfermedades no cuentan los números ni las estadísticas, solo las personas, con sus nombres propios y sus vidas puestas entre paréntesis. Ante eso, vosotros oponéis un compromiso sostenido a través del tiempo, ya sea de manera directa mientras duró vuestra vida física o mediante el trabajo de los que fueron vuestros discípulos, o los discípulos de vuestros discípulos, que conforman esa cadena de conocimiento que nos ha traído hasta este día de otoño de 2023. Me he sentido muy ignorante en casi todo de lo que aquí se ha hablado, pero nunca he percibido incomodidad alguna. He disfrutado de vuestro talento cada segundo, cada minuto, cada hora y cada día, porque cuento con dos grandes dones que me acompañan desde que vine al mundo: la curiosidad y la observación. Con su ayuda he intentado seguir vuestras aportaciones y tratado de imaginar cuál podía ser mi contribución a este congreso, y he llegado a la conclusión de que no puede ser otra que la de tratar de integrar todo lo que aquí habéis dicho acerca de la salud y de la enfermedad.

Siempre he estado muy interesado en el equilibrio, en la armonía y en la geometría de todo lo que me rodeaba. Intenté plasmar estos conceptos en mi dibujo del hombre de Vitruvio y en mis estudios de anatomía, pero también en la sonrisa de la Gioconda, en el vuelo de las libélulas, en mis diseños de ingeniería y en todos y cada uno de los muchos proyectos que emprendí, pese a que fueron pocos los que terminé. Me habéis enseñado que la enfermedad humana refleja el desequilibrio, la pérdida de la armonía y la ausencia de geometría que se presentan en la intimidad de nuestro organismo. Todos vosotros habéis aportado ejemplos concretos de cómo se manifiestan estos naufragios corporales en los distintos males que descubristeis, que habéis estudiado y por los que aquí os han convocado.

Todos, absolutamente todos, nos habéis enseñado las insuficiencias actuales en cuanto a la manera de tratar y curar estas enfermedades que llevan vuestros nombres. Intento entender de dónde surgen y me pregunto si hay algo más allá de esas alteraciones en los distintos lenguajes de la vida que nos habéis mostrado. Creo que tal vez la solución se encuentre en la restauración de ese equilibrio perdido no solo por medio de la medicina de la enfermedad, sino avanzando en paralelo con la medicina de la salud. La salud y la enfermedad forman parte de la misma ecuación y ante mis ojos estos conceptos se difuminan como si estuvieran pintados con ese *sfumato* sin líneas ni bordes, a modo de humo, que tantas veces utilicé en mis obras. Os he escuchado decir que la salud es el silencio del cuerpo, pero en mi mente resuena otra manera de expresar el contenido de esta luminosa palabra: la salud es la cultura de la vida. Por ello os animo a que ampliéis vuestra perspectiva y escribáis una ecuación de la salud en la que se incluyan todos aquellos términos que nos ayuden a construir una cultura de responsabilidad y cuidado de la vida, de nuestra propia vida. Y os dejo ya, *perche la minestra si fredda*.[13]

CAPÍTULO 12

La ecuación de la salud

Nuestro congreso imaginario sobre la salud y la vida había terminado, y para mí era el momento de regresar a París. Desde el hotel Metropole me acerco a la estación Bruxelles-Midi para viajar a la capital francesa en un ferrocarril muy diferente al Canfranero que me transportó con calma y paciencia desde mi pueblo a Zaragoza para comenzar un largo e interminable viaje académico al centro de la vida. En los apenas noventa minutos que tardamos en recorrer los 266 kilómetros que separan Bruselas de París, las palabras de Leonardo revolotean en mi mente como aladas libélulas sin control. Con puntualidad exquisita, llegamos a la Gare du Nord, me bajo del tren y, cumpliendo mi saludable norma parisina, voy caminando desde allí hasta mi casa, ubicada junto a la place de la Sorbonne. Dejo en la entrada mi ligero equipaje, imito a Arthur Rimbaud, el hombre de las suelas de viento, y vuelvo a salir a la vida real.

Tomo la dirección del Jardín de Luxemburgo, paso por la Fontaine Médicis, rodeo el estanque octogonal en el que navegan *les voiliers du Luxembourg* y continúo caminando hasta la impactante Fuente de los Cuatro Continentes. Una vez allí me detengo unos segundos y, como siempre, echo de menos a Oceanía; alguien me explicó hace algún tiempo que se prescindió de ella para mantener la simetría del conjunto escultórico, y creo que, en cierto modo, puedo entenderlo. Vuelvo a asombrarme con la fuerza que transmiten los caballos que se bañan en la fuente y me pregunto si Hipócrates, el hombre que dominaba a los caballos, habría sido también capaz de controlar la desbordante energía de estos singulares ejemplares. Llego al final del parque, salgo por la gran puerta negra de hierro adornada con puntas de lanza doradas y sigo caminando hasta alcanzar la estación de Denfert-Rochereau. Desde allí y por la Avenue René Coty llego directamente a mi destino: el parque Montsouris, otro de los lugares especiales de esta ciudad, más salvaje y anárquico que otros entornos semejantes de París, y en el que un día imaginé que los veleros blancos de Luxemburgo se habían transformado en cisnes negros de Australia.

De nuevo trascendiendo la tiranía del tiempo, he quedado en este parque parisino con un personaje del pasado. Su nombre es Julio, Julio Cortázar, el autor de *Rayuela*, un libro que es a la vez muchos libros, todos los libros, como *El libro de arena* de Borges. Un libro asimétrico y de geometría variable cuya lectura se convierte en un continuo vaivén de aquí para allá, un libro sobre la búsqueda imposible de lo intangible, ese algo que nunca se sabe bien qué es, pero que está, y se puede nombrar, y se puede alcanzar, como el cielo del noveno cuadro de la rayuela, o como la salud, ese don que tanto anhelamos pero que con tanta facilidad perdemos.

Aunque vivimos en el mismo barrio de París, nunca había visto de cerca a Julio Cortázar, pues nuestros tiempos son y fueron dispares. Julio es un gigante, o, mejor dicho, tiene las trazas de haberlo sido, porque está enfermo, muy enfermo, y su cuerpo muestra las señales de una brutal demolición que pronto será definitiva. Su rostro es anguloso y cubista, como si fuera una obra de María Blanchard o Pablo Picasso en lugar de un producto de la biología humana. Su voz es magnética y fluye adornada por un peculiar rotacismo que muta las erres en ges y otorga calidez a un discurso severo y profundo. Fuma, no para de fumar, y habla, no para de hablar.

Nuestra atemporal cita en uno de los paisajes de *Rayuela* en el que Horacio Oliveira y Lucía la Maga se encontraban tiene un único objetivo: hablar de la salud y de la cultura de la vida. Julio comienza confirmando lo que su biografía augura y se declara un desubicado, un argentino convencido y comprometido, que nació en Bruselas, vivió en muchos lugares y va a morir en París, la ciudad que le acogió e inspiró su mejor literatura. Desde aquí, su relato ya es continuo, rotundo y sin fisuras.[1]

> Tuve una infancia en la que no fui feliz y esto me marcó para siempre. En casa había enfermedad y ausencia. Mi padre se marchó muy pronto y nunca volvió. Mi cuerpo era débil y atraía todos los males imaginables, a la vez que crecía desmesuradamente y me convertía en un ser extraño para los demás y para mí mismo. Mi hermana Ofelia me acompañaba con su propio catálogo de dolencias, aunque las suyas provenían sobre todo del cerebro y del alma. Desde entonces hasta hoy mismo, he mantenido una preocupación constante por las enfermedades, casi tanta como por las palabras. Mis vecinos, mis amigos y mis parejas me consideraron siempre un hipocondríaco de manual, cualidad que yo mismo alimentaba viajando con un enorme y surtido botiquín por lo que pudiera ocurrir. Como tantos otros escritores, en mis libros he tratado de encontrar respuestas a mis peores miedos, a mis demonios más crueles, y en *Rayuela* llevé este afán a la máxima expresión. Mis lectores saben bien que su personaje central, Horacio Oliveira, enamorado a su manera de Lucía la Maga, es una representación de mí mismo, de mi deseo de comprender el mundo en su conjunto, de mi necesidad de entender por qué las cosas ocurren de una manera y no de otra, de mi propósito de disfrutar de la vida y a la vez admitir la enfermedad y la muerte, de mi angustia por constatar que hemos escogido una forma de vida con la que no logro identificarme. Ahora, cuando la mía ya se acaba, consumido por una imparable leucemia, infectado por un virus que me roba mis pocas defensas y desesperanzado tras la muerte tan cruel y a destiempo de Carol,

miro hacia atrás con nostalgia y ya no me pregunto: «¿Encontraré a la Maga?», sino: «¿Dónde está la salud?».

Con su pregunta flotando en el aire nos despedimos, sabiendo que nunca más volveríamos a vernos. Mientras imaginé que sonaba *La consagración de la primavera* de Ígor Stravinski, uno de los músicos esenciales para Julio Cortázar, lo vi alejarse con su andar marfanoide y desmadejado, y sentí la llegada de una gran ola de *nagori*, la nostalgia de la separación, la emoción que nos queda cuando acaba una estación, pero también tras el paso de una persona por nuestras vidas, ya sea a través de su presencia física o mediante sus libros, sus cuadros, su música, su danza, sus películas, sus palabras o su ejemplo. Mi largo y emocionado *omiokuri* para Julio, esa lenta e intensa despedida en la que se acompaña con la mirada a quien se va hasta que desaparece de la vista, dejó paso al recuerdo de sus historias sobre cronopios, esos seres ajenos al tiempo y a la realidad, ingenuos hasta la exasperación, que se ríen y sueñan, y que cuando viajan «llevan estrellas de mar en las valijas». También recordé la obsesión de Julio con los ajolotes, esos campeones de la regeneración celular a los que visitaba en el acuario del Jardin des Plantes y cuyos ojos le hablaban «de una vida diferente, de otra manera de mirar».[2]

Retomo el camino hacia mi lugar en el mundo y cuando llego al Pont des Arts, sin disimulo y con esa manera de mirar de la que hablaba Cortázar, busco la silueta delgada de la Maga deambulando por el puente o apoyada sobre su barandilla para sentir la pulsión del Sena. Sin embargo, no la encuentro, tal vez ya no vive en París. A quien sí veo es a la joven violinista que de vez en cuando interpreta piezas conmovedoras ante una cierta indiferencia de los paseantes, que recorren con premura la ancha pasarela de maderas gastadas que abre la puerta del Louvre. Hoy, mientras ella toca el *Adagio para cuerdas* de Barber, me asomo para ver el agua que fluye indiferente bajo mis pies y me entretengo observando a los once cisnes blancos que suelen navegar elegantes y displicentes por esta parte del río, pero no me olvido ni del reto que me planteó Leonardo, ni de la pregunta que me hizo Julio sobre su salud. Tampoco me olvido de que ambos crearon mundos en los que se difuminaban los límites de la geometría y la fantasía. Leonardo da Vinci, cuya mente volaba mientras su sopa se enfriaba, era capaz de pintar con absoluta precisión la bella nitidez que portan los cisnes o los seres humanos, pero difuminaba los contornos de sus figuras para crear una intrigante sensación de incertidumbre, la misma que surge cuando percibimos el rumor que nos hace pensar que el equilibrio entre salud y enfermedad se está perdiendo. De manera parecida, Julio Cortázar viajaba con sus palabras de la realidad a la fantasía para intentar explicarnos lo que él mismo no podía explicarse acerca de la intensa levedad de la vida, amenazada por la pérdida de la salud y la llegada inexorable de la enfermedad y la muerte.

En ese mismo lugar en el que Horacio y la Maga «andaban sin buscarse, pero sabiendo que andaban para encontrarse», entiendo que *Rayuela* no solo es una gran metáfora del viaje entre la fantasía y la realidad, sino también de ese continuo vaivén entre la salud y la enfermedad que nos acompaña desde nuestro particular principio hasta nuestro común final. En el juego de la rayuela, llegar al cielo puede resultar casi tan difícil como mantener la salud en la tierra. La piedra que los niños empujan con el pie puede resultar inadecuada por su fragilidad o su exceso de peso; otras veces calculan mal los espacios y envían su piedra demasiado cerca o demasiado lejos, o lo hacen a destiempo, o escogen los caminos equivocados dentro del dibujo escrito con tiza en el suelo de la vida y en el que casi todo está permitido. Cortázar inventó *Rayuela* y a la vez nos enseñó una nueva forma de leer al regalarnos la capacidad de escoger el camino para avanzar por el relato de la vida hasta llegar al final. A cambio, los lectores debemos asumir el riesgo de desorientarnos y perder las geometrías del espacio y del tiempo que conforman nuestras vidas. Julio pensaba de sí mismo que no era muy versado en los secretos de la ciencia y, de hecho, consiguió sacarme una sonrisa cuando hablaba de los cromosomas en femenino y se refería a ellos como «las cromosomas»; pero aun así fue capaz de anticipar la idea de que, en la rayuela de la vida, los caminos que llevan hacia la salud y hacia la enfermedad son infinitos.

Tras estas reflexiones y disquisiciones, creo entender que ya estoy preparado para cumplir mi compromiso con Leonardo y escribir una ecuación de la salud, y, de paso, encontrar alguna respuesta para Julio que me permita explicarle dónde se encuentra esta entidad tan leve como evanescente. Vuelvo apresurado a casa y, cuando llego a la place de la Sorbonne, saco un clarión blanco de mi bolsillo azul y me pongo a dibujar sobre las baldosas la rayuela de la salud. Comienzo a escribir los términos de la ecuación que pueda definir este concepto, pero lo hago con calma, pues no es una ecuación de números o símbolos, sino de palabras. Dejo que ellas acudan despacio a mi mente, «como silencio cayendo del cielo»,[3] porque así es como las palabras deben venir siempre, nunca atropelladas, jamás elevadas. Mientras suena la música cadenciosa de Joep Beving, que rompe el silencio dejando caer del cielo cada nota con timidez y suavidad, repaso una a una las ocho claves celulares y moleculares de la salud que en el capítulo 9 constituyeron nuestro fundamento científico para abordar esta cuestión: integridad, contención, reciclado, circuitos, ritmos, homeostasis, hormesis y reparación. Mentalmente, las agrupo en las tres categorías —**espacio**, **tiempo** y **regulación**— que determinan que cada cosa que deba pasar en nuestro cuerpo ocurra en su lugar, a su debido tiempo y en perfecta coordinación, de manera que, si es necesario, podamos responder al estrés, reparar los daños y tener una segunda oportunidad.

Lentamente, araño el suelo con la tiza desde la casilla de la Tierra y en los tres primeros cuadros de la rayuela escribo: E (*i*, *c*), T (*r*, *c*, *r*) y R (*h*, *h*, *r*), donde las letras mayúsculas corresponden a las iniciales de las categorías generales de factores determinantes de la salud, mientras que, entre paréntesis y en minúscula, se encuentran las ocho iniciales correspondientes a las claves concretas. El paso siguiente requiere una reflexión adicional. En principio, con estas tres primeras casillas cubrimos los aspectos más estrictamente científicos, moleculares y celulares que actúan como determinantes de la salud. Sin embargo, ahora sabemos que el arte de la salud es mucho más complejo, así que necesitamos incorporar otra serie de factores relacionados con nuestros particulares estilos de vida, que modelan nuestra interacción con el ambiente a través de los distintos lenguajes *ómicos* de la vida, incluyendo los genómicos, los epigenómicos, los metagenómicos, los proteómicos* y los metabolómicos.

El primero de estos factores candidatos a ocupar una nueva casilla en la rayuela de la salud es la **nutrición**. La alimentación adecuada es un factor esencial en la ecuación de la buena salud en el que convergen, y del que se benefician, todos los demás. Comer, obviamente, es imprescindible para sobrevivir, pero no debemos olvidar que el hambre siempre fue un motor fundamental de las migraciones que determinaron y esculpieron el futuro de nuestra especie. A través de ellas se impulsaron los cambios biológicos y demográficos que nos permitieron adaptarnos a los medios cambiantes que iban saliendo al paso de «nuestras piernas caminantes» en aquellos tiempos en que eran los únicos pasaportes que necesitaba la especie humana para iniciar la siempre incierta aventura de buscarse un nuevo horizonte vital.[4] Después, la evolución cultural otorgó una dimensión adicional a la alimentación, de manera que los valores sociales y sensoriales fueron ganando peso en la dinámica y voluble ecuación de la nutrición.

Mi opinión al respecto de las dietas ha quedado ampliamente recogida en trabajos previos sobre las claves de la vida, el envejecimiento o el cáncer.[5] Hoy sigo sosteniendo que no hay una dieta perfecta, pues todos tenemos nuestras propias particularidades en los distintos lenguajes biológicos que usan nuestras células, por lo que los efectos de unos u otros nutrientes pueden ser diferentes en cada persona. Por la misma razón, hay que ser muy prudente en las intervenciones nutricionales destinadas a prevenir o tratar enfermedades, ya que algunas de las más publicitadas pueden llegar a ser contraproducentes e incluso contribuir a alimentar a las células egoístas y viajeras que, de cuando en cuando, surgen en nuestro cuerpo. En cualquier caso, entre la exagerada y contradictoria información sobre los misterios de la nutrición, hay un puñado de principios comunes, generales y sencillos a los que parece sensato adherirse: evitar el sobrepeso; moderar la ingesta de alimentos; practicar la restricción calórica; aumentar el consumo de frutas, verduras crudas, frutos secos y legumbres; reducir el consumo de carnes rojas y complementarlas con mayor ingesta de pescado; evitar los alimentos ultraprocesados, así como los que poseen un alto contenido en fructosa, y suprimir las bebidas azucaradas.

Indudablemente, no conocemos todos los términos de la ecuación de la buena nutrición, pero sí nos sentimos razonablemente seguros de los daños que provoca en nuestra salud la mala alimentación. Estos daños se pueden concretar en diez tipos de condiciones fisiopatológicas: el desequilibrio metabólico, la inflamación, la disfunción energética, el estrés oxidativo, la disrupción hormonal, las deficiencias inmunológicas, las insuficiencias autofágicas, los desajustes horológicos, los cambios epigenéticos y las alteraciones microbióticas. Este último aspecto está adquiriendo una importancia crucial en la ecuación de la salud en general y de la nutrición en particular, pues no debemos olvidar que comemos para alimentar a los dos superpoblados mundos que habitan en nuestro cálido interior. Por un lado, debemos nutrir a nuestras propias células, pero a la vez debemos prestar atención a los billones de microrganismos intestinales a los que hemos acogido y cuidarlos con esmero, porque de su buena salud depende también la nuestra.[6]

En suma, la alimentación adecuada es una estrategia fundamental para mantener la salud y prevenir muchos males derivados de nuestra natural levedad y vulnerabilidad. Por el contrario, la malnutrición adelgaza nuestro sueño de salud, pero a la vez alimenta las enfermedades de la desigualdad social, de las que son víctimas preferentes quienes no pueden elegir su dieta y acaban abocados a disyuntivas tan perversas como escoger entre hambre y obesidad. Por eso el compromiso en educación, regulación y equidad en torno a la alimentación debe ser inexcusable e inaplazable.

El **ejercicio** físico apropiado es otro de los factores que contribuyen a mejorar nuestra ecuación personal de salud. El sedentarismo comenzó con la Revolución Industrial. El triunfo de las máquinas en el mundo de los humanos empezó a percibirse tanto en el campo como en las fábricas, donde muchos trabajos extenuantes, repetitivos y hasta inhumanos se pudieron reducir, simplificar e, incluso, eliminar. El avance de las máquinas llegó a las ciudades, donde adoptaron formas muy diversas —automóviles, medios de transporte público y ascensores— que acabaron convirtiéndose en elementos del paisaje urbano cotidiano. Con determinación y paciencia, las máquinas se fueron infiltrando en el entorno laboral hasta alcanzar un éxito abrumador en todos los ámbitos, y hoy en día apenas quedan puestos de trabajo en los que la actividad no empiece con el acto de presionar un botón para encender un ordenador. Por último, en su inexorable y definitivo avance, las máquinas se instalaron en nuestros hogares y en nuestras vidas más personales, y los electrodomésticos de incontables formas, tamaños y aplicaciones, los robots de cocina y limpieza, los mandos a distancia y sobre todo los teléfonos móviles han logrado convertirse en protagonistas centrales e indispensables de la vida cotidiana. La mecanización y automatización de nuestras vidas y de nuestro entorno hasta en los detalles más insignificantes nos ha evitado esfuerzos intolerables, nos ha liberado de actividades insanas y nos ha regalado mucho tiempo, pero a cambio nos ha contagiado una grave enfermedad de la modernidad: el sedentarismo.[7]

Numerosos estudios epidemiológicos han demostrado que la inactividad física aletarga el vigor de nuestra salud, ya que constituye un importante factor de riesgo para el desarrollo o progresión de múltiples males, incluidas las dolencias cardiovasculares, las patologías neurológicas y el cáncer. La intuición y la sabiduría popular avalan la conexión entre la falta de actividad física y la aparición de enfermedades, pero nunca está de más aportar un soporte documental adicional desde la ciencia. El sedentarismo favorece las reacciones oxidativas e inflamatorias, las disfunciones metabólicas y los desequilibrios hormonales; además, reduce la eficiencia de actividades protectoras como la autofagia y la respuesta inmunológica y altera nuestra microbiota bacteriana provocando disbiosis, que a su vez contribuye al desarrollo de numerosas enfermedades.

En suma, hay que vencer la desidia y la pereza, atenuar la dependencia de los muchos artilugios que nos regalan tiempo para robárnoslo de inmediato, abandonar la comodidad del sofá y salir a la vida, a caminar, a correr, a nadar, a entrenar, a saltar, a jugar, a bailar, a practicar yoga o cualquier otra actividad que nos ayude a ejercitar el cuerpo. No hace falta exagerar: media hora al día de ejercicio físico moderado o caminar dos o tres horas durante los fines de semana puede ser suficiente; a partir de ahí cada uno debe encontrar su propia dosis, su adecuado equilibrio. Todo puede ayudarnos a eliminar factores que nos limitan en nuestro avance al siguiente cuadro de la rayuela de la salud.

El **sueño** es un maravilloso elixir de salud. Creo que muchos tenemos la certeza global y hasta la experiencia personal de que la falta de sueño representa una de las mayores pesadillas para los seres humanos. Dormir es vivir y, de hecho, una de las claves moleculares y celulares de una vida saludable es precisamente el mantenimiento de los ritmos biológicos que garantizan nuestra supervivencia y nuestra adaptación al entorno cambiante.[8] Ritmos y relojes internos hay muchos y todos forman parte de nuestra historia evolutiva, pero el mantenimiento de los ciclos de sueño y vigilia tiene unas connotaciones especiales porque la plasticidad del reloj circadiano, que funciona en ciclos de veinticuatro horas, lo convierte en rehén, cómplice y víctima de nuestros estilos de vida. Curiosamente, desde que la luz natural y la luz artificial comenzaron a disputarse el tiempo de los humanos, la evolución cultural fue imponiendo unos usos sociales que contradicen muchos millones de años de evolución biológica en los que nuestros relojes circadianos nos asignaron la condición de animales diurnos. Por eso resulta sorprendente que después de tantos años invertidos en poner en hora nuestros relojes internos, ahora nos empeñemos en desajustarlos, haciendo caso omiso a las señales de la naturaleza.

La epidemiología, esa disciplina fundamental que siempre está dispuesta a advertirnos de lo que se avecina, nos ha enseñado que el descontrol del sueño contribuye a la aparición de futuras adversidades metabólicas, oncológicas, inmunológicas y neurológicas. Pese a las advertencias epidemiológicas, la humanidad sigue sin darse por enterada de la necesidad de sincronizar nuestro ecosistema interior con los ciclos naturales que marcan el compás de la vida. Por ejemplo, un estudio reciente con seiscientos noventa mil niños de veinte países ha demostrado que la duración media de su tiempo de sueño ha descendido más de una hora en las últimas décadas, mientras que un porcentaje significativo de los adultos que viven en países occidentales (en torno al 30 %) duermen menos de seis horas cada noche, secuestrados por el brillo azul de un mundo virtual en el que ya nunca se apaga la luz.

En resumen, más allá de los estudios mecanicistas de los ritmos circadianos que avalan los beneficios derivados del mantenimiento de horarios regulares en las actividades cotidianas de la vida, debemos insistir una vez más en la necesidad de aprovechar todo lo posible la luz natural y dejar que la noche nos marque el camino para el descanso y el sueño. Hay que apagar la luz y despertar la promesa de recuperar el sueño. Después, y como en la nutrición y en el ejercicio, cada uno debe buscar su propio camino nocturno para distraerse del mundo. Algunas canciones, como, por ejemplo, *Vestida de nit* y *Sonhos*, surgidas de las conmovedoras voces de Silvia Pérez Cruz y Caetano Veloso, nos pueden ayudar a descansar del ruido circadiano acumulado, pero habrá que dejar siempre un margen de libertad horaria y primar la calidad del sueño frente a la cantidad. Esta verdad también la aprendí de Federico García Lorca: «Quiero dormir un rato, un rato, un minuto, un siglo; pero que todos sepan que no he muerto».

Los factores de la rayuela de la salud relacionados con los estilos de vida también deben tener en cuenta todo lo referido a la **toxicidad** que nos rodea. Desintoxicarnos y poner en práctica la antitoxicidad siempre constituyen buenas herramientas para promover la vida sana. Lo primero resulta muy complicado porque existe una diversidad descomunal de agentes tóxicos microbianos y macrobianos impregnados en nuestras vidas y no parece que su avance vaya a detenerse. Todos estamos expuestos a factores ambientales, industriales, ocupacionales, domésticos, alimentarios, personales y emocionales que intoxican nuestra salud. Ante tamaña variedad de toxinas, parece lógico pensar que no pueda haber una solución global, una especie de vacuna universal frente a tanta amenaza contra nuestro bienestar biológico. Además, se da la gran paradoja de que no siempre somos meros consumidores ignorantes o víctimas pasivas de las fuentes de toxicidad, pues a menudo asumimos de manera voluntaria, activa y decidida los riesgos que comportan para nuestra salud. Ante ello solo cabe un análisis punto por punto y bajo un prisma global y personal a la vez de todos estos riesgos, para tratar de encontrar intervenciones que alivien o minimicen nuestra exposición a un mundo tan tóxico como el que nos ha tocado vivir en la actualidad.

Desde el comienzo de la revolución tecnológica, la liberación masiva y descontrolada a la atmósfera de productos tóxicos industriales es una grave e indiscutible amenaza para la salud de la Tierra que nos acoge, para la de quienes habitamos en ella y para la de los que la habitarán en el futuro, si es que nuestro planeta no se ha convertido antes en un lugar incapaz de sostener la vida humana. Ojalá no permitamos que se hagan verdad las duras palabras de

Gabriel García Márquez en su discurso del 6 de agosto de 1986, cuarenta y un años después del desastre causado por la bomba de Hiroshima: «En el caos final de la humedad y las noches eternas, el único vestigio de lo que fue la vida serán las cucarachas. [...] Con toda modestia, pero también con toda la determinación del espíritu, propongo que hagamos ahora y aquí el compromiso de concebir y fabricar un arca de la memoria, capaz de sobrevivir al diluvio atómico. Una botella de náufragos siderales arrojada a los océanos del tiempo, para que la nueva humanidad de entonces sepa por nosotros lo que no han de contarle las cucarachas: que aquí existió la vida, que en ella prevaleció el sufrimiento y predominó la injusticia, pero que también conocimos el amor y hasta fuimos capaces de imaginarnos la felicidad. Y que sepa y haga saber para todos los tiempos quiénes fueron los culpables de nuestro desastre, y cuán sordos se hicieron a nuestros clamores de paz para que esta fuera la mejor de las vidas posibles, y con qué inventos tan bárbaros y por qué intereses tan mezquinos la borraron del universo».

La imparable e intolerable corrupción atmosférica causada por los productos tóxicos industriales viene acompañada por la no menos masiva contaminación ambiental originada por los gases y partículas liberadas por las chimeneas de nuestras casas y los tubos de escape de nuestros automóviles. No soy nadie para convencer de estas incómodas realidades a los cómplices o a los negacionistas de las corrupciones humanas, incluidas las medioambientales, pero sí tengo argumentos directos para asegurar que la contaminación atmosférica producida por los agentes tóxicos dispersos por el aire que respiramos está directamente relacionada con daños genómicos, epigenómicos y metagenómicos en nuestras células. Estas alteraciones moleculares comienzan induciendo procesos inflamatorios que, si se cronifican, provocan graves enfermedades pulmonares y acaban favoreciendo el desarrollo de cáncer de pulmón y de otros tumores malignos que ahogan nuestra salud y nuestra vida.

Además de estos agentes tóxicos ambientales de origen industrial, tecnológico y urbano, a los que podemos sumar la creciente invasión de microplásticos que nadan en el mar o bucean en las tranquilas aguas de las botellas disfrazados con una capa de invisibilidad, existen numerosos agentes nocivos que provocan enfermedades de tipo profesional u ocupacional. Estas patologías afectan, entre otros, a carpinteros, albañiles, pintores o agricultores, que se ven expuestos a partículas de madera, polvo, disolventes o pesticidas que comprometen su salud. Los tóxicos domésticos incluyen productos de limpieza y ambientadores que hemos incorporado ya de manera natural a nuestras vidas, sin reparar muchas veces en lo que supone una exposición crónica o excesiva a sus componentes. Algo semejante ocurre con el empleo de cantidades masivas de fertilizantes, fungicidas, herbicidas y pesticidas que mejoran el rendimiento de las cosechas, pero que, tras incorporarse a la cadena alimentaria, contribuyen al desarrollo de numerosas enfermedades. Por último, las dificultades del afrontamiento a título individual de un problema tan global como el de la toxicidad nos hacen apelar a nuestra responsabilidad personal a la hora de minimizar la exposición a esos factores tóxicos que vamos introduciendo de manera voluntaria en nuestras vidas. Al frente de todos ellos se encuentran el tabaquismo, el alcoholismo y el consumo de drogas recreativas que comienzan siendo un divertimento social para acabar transformándose en adicciones que extorsionan nuestra voluntad y pervierten nuestra salud. Además, sus efectos nocivos se expanden fácilmente por nuestro entorno y se proyectan finalmente sobre una sociedad que debe destinar cuantiosos recursos humanos y económicos para afrontar un problema que podría paliarse o resolverse con más equidad social, con más educación sobre la cultura de la vida y con más compromiso sobre nuestra propia salud.

Un último factor relacionado con los hábitos de vida surgidos de la transición a la modernidad y que afecta gravemente a nuestra salud es el **estrés**. Esta palabra ha perdido todos los matices positivos derivados de su importancia en nuestra forma de responder a situaciones en las que sentimos comprometida nuestra vida y se ha transformado en un auténtico mantra de toxicidad. Esta nueva forma de intoxicación de la vida cotidiana refleja los cambios sociales acontecidos en las últimas décadas. Siempre pensé que los graves errores cometidos en el siglo XX, los cuales nos situaron cerca del escenario del cataclismo de Damocles imaginado por García Márquez y cuantificado por el conocido Reloj del Apocalipsis, servirían para inaugurar un siglo XXI en el que acabarían imponiéndose los valores del desatendido conocimiento y de la olvidada ilustración. Nada de esto fue verdad. El azar, la biología y la irresponsabilidad de algunos nos obsequiaron con una pandemia que volvió a advertirnos de nuestra levedad, de nuestra fragilidad y de nuestra vulnerabilidad. Debo confesar sin pudor alguno que pertenezco al grupo de los que pensaron que, si superábamos este colosal y dramático reto colectivo, nos comprometeríamos más intensamente con la búsqueda de la equidad y dejaríamos un espacio mucho mayor al disfrute personal y colectivo. De nuevo, nada de esto fue verdad. Basta mirar a nuestro alrededor o dentro de nosotros mismos para reconocer que la sociedad parece estar crónicamente estresada, o, lo que es lo mismo, crispada, enfadada, desorientada, desilusionada y decepcionada. Con esta reflexión danzando en la mente, y con el clarión blanco en la mano derecha, escribo la abreviatura *Es*, de estrés, en el octavo cuadro de la rayuela de la salud, y subo a casa a descansar un rato.

En los pocos metros que me separan del portal me encuentro a Milan Kundera, el gran maestro del concepto de la levedad y un ejemplo más de los brillantes seres humanos que encontraron inspiración y acogida en París. Lo saludo con afecto, me dice que se ha acercado a la Filmothèque de la rue de Champollion para ver de nuevo la película sobre *La insoportable levedad del ser*. Con una sonrisa de Duchenne me dice que no lo hace por su película, sino por Juliette, Juliette Binoche, a la que hace mucho que no ve y la echa de menos. Me pregunta cómo me van las cosas y le resumo mis reflexiones sobre la salud y sus ecuaciones, le cuento mis compromisos con Leonardo y Julio, y le señalo la rayuela que acabo de dibujar sobre el suelo en la place de la Sorbonne.

Milan me mira con la sabiduría del maestro que se dirige a su aprendiz de discípulo y me dice en voz baja: «No vas mal, has progresado mucho desde nuestra comida en Le Procope, cuando me contaste que tu maestro zen te había dicho que tu problema mental fundamental es que confundías lo real con lo fantástico y que le habías pedido que, si no lograba curarte, te dejara instalado en el lado de la fantasía». Me asombra que el maestro Kundera recuerde con tanta precisión mis palabras, así que no tengo más remedio que recordarle las suyas propias en una entrevista televisiva: «Me siento atraído por la fantasía; desenfrenada, onírica, absolutamente libre, irresponsable, y por otro lado me siento igualmente atraído por lo contrario, por un análisis frío, por una descripción cruel de la realidad, y para mí siempre es un problema, un problema extraordinariamente difícil, unir esas dos cosas que no se pueden unir, la fantasía y la lucidez». Nos despedimos, no porque la sopa se enfríe como le pasaba a Leonardo, sino porque no quiero que Milan se pierda el principio de su película; pero justo cuando estaba a punto de entrar por la puerta roja de la Filmothèque me dijo: «No olvides nunca cómo comienza ese libro mío que dices que tanto te gusta: "Quien busque el infinito que cierre los ojos"».

Sin más, y también sin menos, subo por la escalera de madera a mi bella y acogedora casa, apenas una habitación abuhardillada y colgada sobre los tejados de la vieja universidad. Me tiendo sobre la cama, sigo el consejo de Milan Kundera, cierro los ojos y miro al infinito, pero no hacia el futuro, que es a donde nos suelen llevar estos viajes crononáuticos. Miro hacia el pasado, allá donde habita la parte de atrás del tiempo, y encuentro un paisaje que desmiente el peligro de mirar algo hacia atrás o por detrás, pues parece ser que el objeto más feo del universo es una nevera por detrás, aunque una vez pude comprobar que hay algo todavía peor: la parte trasera de un *photocall.*

Mi viaje metafórico al pasado me lleva de Milan a Milán, y allí me reúno con Leonardo da Vinci y le muestro la ecuación de la salud. Le hablo de mi conversación con Julio Cortázar, y de su enfermedad, y de su deseo de saber dónde había quedado la salud que perdió. Le explico mi idea de encajar la ecuación de la salud en la rayuela de Cortázar inspirado una vez más por su dibujo del hombre de Vitruvio, el más bello icono de la salud, que él logró insertar con total armonía entre las geometrías creadas por un círculo y un cuadrado. Leonardo contempla con calma la rayuela de la salud y después vuelve la mirada y la atención a la ecuación que le muestro:

SALUD = E (*i*, *c*) + **T** (*r*, *c*, *r*) + **R** (*h*, *h*, *r*) + **N** + **Ej** + **S** - **Tx** - **Es**

SALUD = Espacio (*integridad* + *contención*) + **Tiempo** (*reciclado* + *circuitos* + *ritmos*) + **Regulación** (*homeostasis* + *hormesis* + *reparación*) + **Nutrición** + **Ejercicio** + **Sueño** - **Toxicidad** - **Estrés**

La observa con curiosidad y tras una larga pausa me dice: «Conozco bien *il gioco della campana* del que escribió tu amigo Julio, porque se inventó en nuestro tiempo después de que Dante Alighieri escribiera la *Divina comedia*. En ese libro, el personaje principal de la obra sale del Purgatorio y para cumplir su deseo de llegar al Paraíso debe atravesar nueve mundos. Entiendo que en tu esquema de salud el punto de partida es la Terre, como en la versión francesa del juego, pero para llegar al cielo, al paraíso de la salud, necesitas abrir nueve puertas, o entender nueve claves, o considerar nueve factores. Sin embargo, tu ecuación solo tiene ocho términos. Te falta uno. Debes buscarlo».

Leonardo tenía razón y mi noche, que empezó con un viaje con los ojos cerrados a la puerta trasera del infinito, acabó siendo una larga velada de ojos abiertos. Había que encontrar la novena clave de la salud.

CAPÍTULO 13

Los eclipses de alma

Una mañana cualquiera, un hombre sin nombre acude a su centro de trabajo situado en un lugar bello y exótico. En teoría, su labor profesional es estimulante e importante, pues forma parte de un selecto grupo de personas que se han reunido en una institución muy especial dedicada a la enseñanza de los conocimientos más avanzados en ciencias y en humanidades, desde la medicina y las matemáticas a las leyes, la teología y la literatura. Sin embargo, aquella mañana, como tantas otras desde hace ya demasiado tiempo, a este hombre normal no le ha resultado nada fácil levantarse de la cama; su noche ha sido larga y oscura, le cansa la vida y le pesa el alma. Sin mucha esperanza, busca al azar algún tipo de amparo frente a su crónica desazón, se aísla, no habla con nadie y comienza a leer algunos textos que exploran el significado de la vida, pero no encuentra nada en ellos que pueda aportarle una solución a su problema existencial y vital.

Desalentado y desorientado, se le ocurre que tal vez la escritura de sus propias sensaciones y emociones pudiera proporcionarle un poco de alivio. No tiene ordenador ni ningún otro dispositivo electrónico semejante, así que no puede comenzar su día con el típico ritual de apretar un botón y conectarse al mundo virtual. Asume que no le queda otra opción que sustituir el teclado por una pluma y la pantalla por un papel. Con la leal ayuda de estos artilugios tan clásicos como insustituibles, empieza a garabatear unas palabras, pero lo hace de una manera tan lenta que más parece que estuviera dibujando sus pensamientos en lugar de escribirlos. Comienza poniendo un título tan triste como real: *Diálogo con su alma de un hombre cansado de la vida*. Después añade unas cuantas frases que a algunos pueden parecerles incompletas o inconexas, pero que en mi opinión están cargadas de sincera poesía: «La muerte está hoy ante mí como la curación de una enfermedad, como un paseo tras el sufrimiento. La muerte está hoy ante mí como el perfume de la mirra, como el reposo bajo una vela en un día de gran viento, [...] como un camino tras la lluvia, [...] como un retorno a casa después de una guerra lejana». Deja la pluma sobre la mesa, enrolla y guarda el papiro en el que acaba de escribir estas palabras y retoma su trabajo cotidiano en una de las Per Ankh o Casas de la Vida del Antiguo Egipto donde se enseñaba, se investigaba, se estudiaba y se aprendía.[1]

Ahora, al leer este texto escrito durante el Imperio Medio hace unos cuatro mil años, tengo de nuevo la impresión de que el tiempo no ha transcurrido de manera lineal, sino que solo ha seguido dando vueltas en redondo. Esta reflexión de un hombre sin nombre que vivió en un mundo enigmático y lejano no difiere sustancialmente de la que hoy se hacen muchos millones de personas en nuestro moderno ecosistema social, en el que, no sin dificultad, tratamos de seguir practicando el complejo arte de sobrevivir. Sin embargo, en este largo paréntesis de cuatro milenios en el que nada parece haber cambiado, las sociedades humanas se han transformado en múltiples dimensiones con el apoyo de la evolución cultural y, en particular, hemos progresado de manera asombrosa en el conocimiento de las leyes que rigen la vida y la salud. Hoy, una mañana cualquiera de mi propia vida, acudo a mi centro de trabajo situado en un lugar también bello y exótico, un antiguo convento de París adaptado y reconvertido en un brillante entorno académico y científico. Subo los sesenta y cinco peldaños de la antigua escalera de madera por la que todavía resuenan los pasos de algunos sabios del pasado, me siento en mi escritorio y trato de reflexionar sobre la reciente conversación mantenida con Leonardo da Vinci acerca de la necesidad de incorporar una nueva clave a la ecuación de la salud que nos ayude a entender mejor este concepto en nuestra contemporánea realidad. Recuerdo las palabras del escriba egipcio y pienso que desearía encontrar una forma de incluir en la ecuación todo lo que forma parte de ese entramado social que nos acoge, pero que al mismo tiempo parece estar en el origen de la inadaptación, del dolor y del sufrimiento que determinan que muchos seres humanos perdamos la salud mental y enfermemos de melancolía.

Enfermar viene de *in-firmare*, 'sin firmeza': probablemente, la persona que inventó esta palabra tan general nunca imaginó que podría tener una aplicación tan singular en el mundo de las alteraciones emocionales, esas perturbaciones que nos dejan indefensos, a la intemperie y sin esa firmeza que tanto necesitamos para sujetarnos a un mundo que gira veloz e indiferente alrededor del Sol y de nosotros mismos. Tengo a mi disposición una memoria propia, aunque ya menguante, pero también dispongo de un fácil acceso a libros, bibliotecas y ordenadores. Con todos ellos puedo intentar revisar el pasado para entender cómo ha evolucionado nuestra percepción y abordaje de la salud mental desde que, hace unos cuatro mil años, una mañana cualquiera, un hombre sin nombre cansado de la vida comenzó a dialogar con su alma y nos regaló un breve texto en el que resumió con intensidad y verdad el fruto de esa íntima y delicada conversación.

De pronto, **mi viaje de conocimiento al centro de la salud mental deja de ser metafórico y comienza a tener un sustrato real**. Así, la literatura clásica me cuenta que mis admirados Alcmeón de Crotona e Hipócrates de Cos, dos de los más grandes intuicionistas del mundo helénico en cuestiones de medicina y salud, también fueron capaces de anticipar que el cerebro era el asiento del pensamiento, las emociones y las sensaciones, tal como se recoge en este fragmento del *Corpus Hippocraticum*: «Los hombres deben saber que las alegrías, gozos, risas y diversiones, las penas, abatimientos, aflicciones y lamentaciones proceden del cerebro y de ningún otro sitio. Y así, de una forma especial, adquirimos sabiduría y conocimiento, y vemos y oímos y sabemos lo que es absurdo y lo que está bien, lo que es malo y lo que es bueno, lo que es dulce y lo que es repugnante [...]. Y por el mismo órgano nos volvemos locos y delirantes, y miedos y terrores nos asaltan [...]. Sufrimos todas estas cosas por el cerebro cuando no está sano [...]. Soy de la opinión que de estas maneras el cerebro ejerce el mayor poder sobre el hombre». Por su parte, Alcmeón propuso con su habitual y proverbial perspicacia que los órganos de los sentidos están unidos al cerebro mediante vías de comunicación construidas por nervios por cuyo interior circulan las sensaciones.

En las reflexiones de estos sabios griegos estaba implícita la idea de que el cerebro podía enfermar y causar trastornos como la «enfermedad sagrada» (la epilepsia) o la melancolía, que Aristóteles atribuyó a un exceso de *melas kholé* ('bilis negra') y a la que el propio Hipócrates se refirió en estos términos: «El enfermo parece tener como una espina clavada en las vísceras; es presa de la náusea, huye de la luz y de los hombres, ama las tinieblas y es atacado por el temor». Sin embargo, fue Erasístrato de Ceos, cofundador de la Escuela médica de Alejandría, el primero en ofrecer soporte experimental a la búsqueda de las causas del mal de la tristeza, tras ser requerido por el rey sirio Seleuco I para atender a su hijo Antíoco, que estaba gravemente enfermo por causas desconocidas. Erasístrato examinó al paciente con exquisita atención y observó que se le aceleraba el pulso y se le ruborizaba el rostro cuando entraba en la habitación Estratónice, la segunda esposa del rey. Este curioso pionero del arte de la psicología intuyó en ese instante que el misterioso mal de Antíoco no era otro que el sufrimiento causado por un amor imposible. Con el fin de corroborar su hipótesis, Erasístrato diseñó un experimento muy sencillo: hizo que todas las mujeres del palacio real desfilaran ante el lecho del paciente, mientras él le sujetaba la mano para registrar su respuesta emocional. El resultado fue claro y definitivo: el pulso se le desbocaba, su cara enrojecía y su cuerpo se cubría de sudor solo cuando comparecía Estratónice, su bella madrastra. Satisfecho por el funcionamiento de esta peculiar máquina de la verdad y admirado por la incombustible fidelidad sentimental de Antíoco, Erasístrato confirmó al rey Seleuco I el diagnóstico de la enfermedad de su hijo y recibió reconocimiento y honores por ello. En un acto de impresionante amor paterno, el rey se divorció de Estratónice para poder ofrecérsela a su hijo; según cuenta Plutarco en sus *Vidas paralelas*, ambos aceptaron enseguida el ofrecimiento y Antíoco se curó. Esta curiosa historia, que actualmente daría mucho juego en una serie televisiva, fue también recogida por los pinceles de Jacques-Louis David en su bella obra *Erasístrato descubriendo la causa de la enfermedad de Antíoco*. Hoy, este sugerente cuadro puede verse en la Escuela de Bellas Artes de París, muy próxima a la Officine Universelle Buly, una antigua perfumería extraída de otra época y a la que acudo siempre que deseo respirar el aire del pasado, para poder seguir mirando al futuro.

Desde esta primera aproximación a **las causas del mal de la tristeza**, el compás de la historia fue cambiando y la percepción humana sobre esta enigmática enfermedad fue evolucionando. El mundo helénico dejó paso al Imperio romano y la melancolía se tornó en *taedium vitae*, una dolencia que se apoderó de las clases altas y cultas, a las que Séneca criticó con dureza por su vida despreocupada y ociosa: «El vicio reviste mil formas y un solo resultado: el hombre siente hastío de sí mismo. Ello conduce a un desequilibrio en el espíritu, a una insatisfacción de los deseos». Después, la llegada del cristianismo vino acompañada de un nuevo término para definir la melancolía, *acedia*, a la que se consideraba una indeseable aflicción del corazón y del alma. Pese a las duras advertencias sobre este presunto vicio y a las consiguientes condenas religiosas, la acedia fue extendiéndose, especialmente en el ámbito monástico, y en el Medievo llegó a alcanzar la categoría de grave pecado mortal. De hecho, la propia Teresa de Ávila emprendió una cruzada personal contra este diabólico mal que acechaba a las novicias y dejó escrito que «si las palabras no son suficientes, hay que recurrir a los castigos; y si los castigos leves son inútiles, hay que recurrir a los grandes». La noria del tiempo siguió girando y con la llegada del Renacimiento se recuperó el aprecio clásico de la sensibilidad y la cultura, lo cual aumentó la consideración de la melancolía como una cualidad asociada a la creatividad y no a una perversión del género humano. Poco a poco, esta nueva asociación comenzó a imponerse y a partir el siglo XVI se multiplicaron los libros, obras de arte y composiciones musicales referidas a la melancolía, el *mal de vivre*, la *tristitia*, el *angst*, el *ennui*, el hastío existencial, la angustia o la ansiedad.[2]

Entre los hitos de esta gran ola de creatividad destacan por su simbolismo el grabado titulado *Melencolia I*, elaborado por el pintor alemán Alberto Durero en 1514, y la interminable *Anatomía de la melancolía*, escrita por el melancólico bibliotecario inglés Robert Burton y publicada por primera vez en 1621. Muchos otros escritores, filósofos, artistas y compositores, como William Shakespeare, John Keats, Arthur Schopenhauer, Friedrich Nietzsche, Miguel Ángel Buonarroti, Lucas Cranach el Viejo, Domenico Fetti, Ludwig van Beethoven, Franz Schubert, Robert Schumann y Richard Wagner, se dispusieron a escribir, pensar, pintar o componer obras que giraban en torno a las insatisfacciones e incertidumbres asociadas a la vida, y que a menudo reflejaban sus propias dudas vitales o incluso sus enfermedades mentales. Entre todas estas obras, en mi opinión no hay ninguna con una expresividad tan potente como *El grito* de Edvard Munch, la llamada de atención al mundo de un hombre atormentado, como el propio artista, impregnado de dolor y angustia desde una infancia vivida en un entorno familiar preñado de soledad, demencia y muerte. Edvard Munch anotó en su *Diario del alma* estas conmovedoras reflexiones: «Heredé de mi padre las semillas de la locura. Los ángeles del miedo, el dolor y la muerte estuvieron a mi lado desde el día en que nací». Más tarde, en 1892, el joven Munch escribió en ese mismo diario estas no menos conmovedoras frases: «Paseaba por un sendero con dos amigos; el sol se puso. De repente, el cielo se tiñó de rojo sangre, me detuve y me apoyé en una valla muerto de cansancio: sangre y lenguas de fuego acechaban sobre el azul oscuro del fiordo y de la ciudad. Mis amigos continuaron y yo me quedé quieto, temblando de ansiedad. Sentí un grito infinito que atravesaba la naturaleza». Un año después de escribir estas palabras, Edvard Munch pintó la primera versión de *El grito*, uno de los cuadros más importantes en la historia del arte.

A mis ojos, el hombre de Munch es el gran icono del miedo y de la desesperación, y se me presenta como contrapunto extremo del hombre de Vitruvio, el bello icono de la salud y del equilibrio. El propio Munch llegó a decir que él intentaba diseccionar almas, mientras que su admirado Leonardo da Vinci diseccionaba y estudiaba cuerpos. Pese a que el desequilibrio emocional le acompañó durante toda su vida, el artista noruego nunca dejó de diseccionar su propia alma a través de sus cuadros y a *El grito* se sumaron obras de títulos tan expresivos como *Melancolía*, *Miedo*, *Ansiedad*, *Desapego*, *Celos* y *Cenizas*. Munch pintó, además, varias versiones de su icónico y resonante grito, una manera muy sutil de recordarnos que no hay un único grito, un único camino para llegar a la ansiedad y a la desesperación.

Curiosamente, las distintas versiones de este cuadro han experimentado de manera diferente los avatares del tiempo, así como las circunstancias adversas que fueron sufriendo desde que salieron del taller de su creador, entre las cuales se encuentran algunos robos rocambolescos. Me gusta pensar que los daños diferenciales recibidos por los distintos *Gritos* han actuado de manera muy semejante a los cambios epigenéticos que, con independencia de nuestra condición genética de partida, van moldeando nuestra salud y nuestra vida. En un alarde de simbolismo extremo, años después de que Edvard Munch pintara la primera versión de *El grito* se descubrió que el cuadro llevaba escrita en la esquina superior izquierda una frase casi invisible, pero de profundo significado: «Solo puede haber sido pintado por un loco». Durante mucho tiempo se especuló sobre el origen, presumiblemente vandálico, de esta frase que coincidía exactamente con el veredicto de un influyente crítico de arte noruego que descalificó sin paliativos la obra de Munch. Finalmente, los análisis realizados mediante avanzadas técnicas de imagen han demostrado que fue el propio artista el que, tiempo después de acabar el cuadro, añadió esta marca epigenética a su obra, tal vez para reafirmar que el crítico estaba en lo cierto. *El grito* era la obra de un loco, un loco que no se sentía ofendido por ese calificativo y que gracias a su genialidad pudo legarnos una extraordinaria colección de las distintas fases del eclipse de su alma.

Sin duda, *El grito* de Munch es el vehículo perfecto para transportarnos al siglo XX, el del maravilloso progreso en la ciencia y en la tecnología que nos ha permitido acceder a nuevas maneras de entender el mundo y la vida, pero también el siglo de las guerras mundiales, el del existencialismo y el nihilismo, el de la consolidación de nuevas actitudes egoístas de las sociedades avanzadas, que, apoyadas en la fuerza de su economía, potenciaron la desigualdad y la injusticia social, y, finalmente, el siglo de la democratización de la melancolía. Fue en la pasada centuria cuando esta triste emoción cambió de nombre y pasó a llamarse depresión, un término derivado de la expresión latina *de-premere* ('empujar hacia abajo') que ya había sido utilizado en el pasado por el médico y poeta inglés Richard Blackmore. Esta transición de la melancolía a la depresión, relatada magistralmente por George Minois en su obra *Histoire du mal de vivre*, no fue una mera cuestión de nomenclatura, sino que vino acompañada de una serie de situaciones que hicieron que el avance del mal de la tristeza y de otros trastornos mentales resultara ya imparable. Así, poco a poco, fueron compareciendo a la luz de la historia la metamorfosis de Kafka, la náusea de Sartre, la demolición de Fitzgerald, el pesimismo de Cioran, el psicoanálisis de Freud y muchas otras aportaciones de ámbitos tan diversos como la literatura, la filosofía, el arte, la economía, la sociología y la demografía que ejercieron una gran influencia cultural y social sobre la propia consideración de la salud mental y los eclipses de alma. Además, a raíz de la extensión de los desequilibrios sociales, los efectos del puro malvivir de muchos ciudadanos condenados a la pobreza, a la desigualdad y a la enfermedad mental comenzaron a asimilarse a los del elitista *mal de vivre* que sufrían algunos privilegiados abocados a la melancolía.

Afortunadamente, y al hilo del progreso de la medicina, la ciencia y la tecnología, el siglo XX también trajo los primeros avances notables en el **abordaje clínico de los trastornos mentales**, que hasta entonces no habían logrado eludir el entorno del pensamiento mágico, esotérico o diabólico que habitualmente envolvía a estas patologías. En efecto, si volvemos a viajar en el tiempo y nos remontamos al pasado helénico, comprobaremos, al tiempo que se dibuja una leve sonrisa de Duchenne en nuestros ojos, que la estrategia terapéutica fundamental para tratar la depresión se basaba en la eliminación del exceso de bilis negra corporal para lograr restaurar el equilibrio de los humores. Para tal fin, Hipócrates de Cos proponía el consumo de alimentos ácidos, así como la ingestión de brebajes elaborados a base de plantas medicinales como la mandrágora, o manzana de Satán, a las cuales se atribuían notables propiedades alucinógenas y eméticas. Crisipo de Cnido les sugería a los pacientes con pocas ganas de vivir que consumieran mucha coliflor y que evitaran a toda costa la ingesta de albahaca, porque su intenso olor atraía la tristeza; pero, tal como pasa con las dietas actuales, siempre hay opiniones para todo y contra todo, de modo que otros nutricionistas —caso, por ejemplo, de Filistión de Locros— propusieron justo lo opuesto y abogaron por el empleo de la albahaca para sanar el alma herida. Sorano de Éfeso, por el contrario, recomendaba a las personas afectadas por la demencia maniaca y la melancolía que tomaran aguas alcalinas, ricas en litio. Curiosamente, casi dos milenios más tarde, las sales de litio se introdujeron en la práctica clínica para tratar a los pacientes con trastornos maniacodepresivos y todavía hoy siguen siendo ampliamente utilizadas para el manejo de estas enfermedades mentales.

Si seguimos navegando desde el pasado hasta el presente por las aguas históricas de la salud mental, en busca de las claves de las terapias frente a los trastornos emocionales, no tardaremos en encontrarnos con Galeno de Pérgamo. Este gran médico griego que pasaba consulta en Roma, donde no le faltaba trabajo como cirujano de gladiadores, fue siempre un fiel seguidor de los postulados de Hipócrates, por lo que insistió con vehemencia en la idea de curar la melancolía por medio de la dieta. No obstante, Galeno adoptó también intervenciones más agresivas, como, por ejemplo, la aplicación de sangrías, especialmente para los casos de melancolía sanguínea, que él diferenciaba de otras dos formas de esta enfermedad a las que denominó «melancolía cerebral» y «melancolía intestinal o hipocondríaca».

Estas primitivas ideas sobre el tratamiento de los problemas de salud mental se mantuvieron incólumes y sin apenas controversia hasta que alrededor del siglo X la medicina islámica puso sobre la mesa algunas nuevas aproximaciones. El médico y filósofo persa Abu Bakr al-Razi escribió las primeras monografías dedicadas a estas cuestiones y en el hospital que dirigía en Bagdad creó un entorno especial para el cuidado de los enfermos mentales. Casi en paralelo, Abu Zayd al-Balkhi, un médico introvertido y estudioso nacido en lo que hoy es Afganistán, sostuvo que, independientemente del desequilibrio existente entre los humores, la depresión podía tener su origen en procesos puramente mentales y ser de carácter hereditario. Sus avanzadas propuestas le llevaron a distinguir entre depresión reactiva y depresión endógena, una caracterización que ha llegado hasta nuestros días. Desafortunadamente, tales ideas no se concretaron en avances terapéuticos significativos y la humanidad fue cayendo en una profunda decadencia de la curiosidad intelectual que se extendió por toda la Edad Media hasta el mismo Renacimiento.

El nuevo espíritu de la época renacentista trajo consigo notables progresos en el ámbito de las enfermedades mentales, pero también ideas o enfoques que constituyeron un lastre para su futuro tratamiento; un lastre casi tan pesado como el propio pensamiento mágico que se intentaba erradicar en la medicina y en la ciencia. Uno de los factores claves de esta paradójica situación vendría de la mano de René Descartes, gran innovador de la filosofía cuya sempiterna mala salud le impulsó a buscar normas que permitieran regular los caóticos procedimientos médicos de la época. Gracias a su enorme talento fue capaz de aplicar el método científico a la medicina, pero también propuso una visión mecanicista del cuerpo humano que implicaba su separación absoluta con respecto de la mente, lo que era a todas luces excesivo. En esta visión dual se asumía que la enfermedad era el resultado de los desajustes existentes en la maquinaria corporal, mientras que los aspectos emocionales y conductuales serían obra del espíritu, por lo que no estarían sometidos a las mismas reglas. Tal idea acabó imponiéndose y hoy día sigue vigente en muchos ámbitos sociales e incluso profesionales; pero, como ha señalado el brillante neurólogo Antonio Damasio, la separación absoluta entre lo orgánico y lo psicológico fue «el gran error de Descartes».

Por supuesto, el pensamiento de Descartes tuvo más luces que sombras y, al amparo de sus postulados metodológicos, en el siglo XVII se crearon hospitales en los que también se prestaba atención a pacientes con trastornos emocionales. Entre ellos destacaba el Hospital Real de Bethlem en Londres, más conocido como Bedlam (término que hoy es sinónimo de caos o locura), que desde 1676 se encontraba alojado en un suntuoso edificio más parecido al Palacio de Versalles que a un asilo para enfermos mentales. La ubicación original había sido mucho más modesta, pues se trataba de un convento del siglo XIII dotado con un material terapéutico que hoy en día nos causa pavor: «Once cadenas de hierro con seis candados, cuatro pares de grilletes de hierro y dos pares de cepos». El nuevo Bedlam adoptó prácticas más compasivas con los enfermos gracias a la intervención de Thomas Willis, uno de los brillantes pioneros de la psiquiatría y de la propia medicina traslacional, campo que intenta acortar el camino entre los hallazgos de los laboratorios y sus aplicaciones clínicas. El doctor Willis estudió la melancolía y la manía, la epilepsia y la narcolepsia, pero también tuvo la osadía de abordar la estupidez, que clasificó en distintas categorías. Curiosamente, su tratamiento para la melancolía incorporó la idea de mantener ocupada la mente; de ahí que intentara ayudar a sus pacientes a encontrar la forma de distraer sus tristezas.

La labor del doctor Willis en Inglaterra sirvió de estímulo a las siguientes generaciones de médicos europeos interesados en mejorar el tratamiento de los trastornos mentales. Entre ellos destaca la figura de Philippe Pinel, cuyo trabajo en distintos hospitales franceses y especialmente en el hospital parisino de la Salpêtrière inauguró una nueva época en la consideración de las enfermedades mentales al imponer una práctica de fácil ejecución, pero cargada de simbolismo. Así, a finales del siglo XVIII, el doctor Pinel liberó a sus pacientes de las cadenas que los sujetaban a las paredes de las galerías en donde se encontraban hacinados e hizo que los «alienados» pasaran a ser personas necesitadas de **atención**, **comprensión** y **conversación**. Además de clasificar los trastornos mentales en cuatro categorías —melancolía, manía, mutismo y demencia—, eliminó los castigos y los exorcismos, al tiempo que fomentaba las terapias ocupacionales. Por último, consolidó una nueva rama de la medicina que en 1808 recibió el nombre de psiquiatría. A partir de entonces, esta disciplina médica fue creciendo y amplió su perspectiva con la rutilante aparición de figuras como Paul Broca y Carl Wernicke, que adscribieron distintas patologías nerviosas a daños localizados en zonas específicas del cerebro; o Sigmund Freud y discípulos suyos tales como Karl Abraham, que extendieron por el mundo los conceptos y la práctica del psicoanálisis; o el médico alemán Emil Kraepelin, conocido como el «Linneo de la psiquiatría», ya que invirtió mucho tiempo en la clasificación de los trastornos mentales a fin de facilitar el desarrollo o la aplicación de las terapias más adecuadas. Los esfuerzos colectivos en este sentido permitieron que, ya en pleno siglo XX, los psiquiatras alcanzaran un amplio consenso en la consideración de dos grandes grupos de problemas mentales: las psicosis y las depresiones. Los trastornos psicóticos, a los que también se hacía referencia como esquizofrenia, se caracterizaban por una grave desconexión de la realidad, mientras que las depresiones venían acompañadas de un estado de angustia y desesperanza que podía llegar a ser incompatible con el deseo de seguir vivo. Cuando la depresión se alternaba con una euforia exagerada rayana en la manía, la enfermedad resultante acabó definiéndose con el nombre de trastorno bipolar.

Con una curiosa coincidencia temporal y conceptual respecto a lo acontecido en Europa, a finales del siglo XVIII se inauguraron en Estados Unidos las primeras comunidades o retiros terapéuticos para el tratamiento de las enfermedades mentales, que a su vez inspiraron el desarrollo en el siglo XIX de centros como el Hospital Estatal de Worcester en Massachusetts o el Hospital de Pensilvania en Filadelfia, cuyo único objetivo era mejorar el bienestar de los pacientes a través de la denominada *terapia moral*. Estas instituciones funcionaban como asilos terapéuticos que ofrecían a los pacientes entornos agradables, una alimentación sana y la posibilidad de realizar trabajos agrícolas, así como actividades educativas. Los resultados fueron muy positivos, pero, ya entrado el siglo XX, la situación de estos retiros y asilos comenzó a cambiar. La inmensa mayoría desaparecieron y en su lugar se abrieron clínicas psiquiátricas en las que la *terapia moral* fue sustituida por la custodia y vigilancia del paciente por medio de prácticas terapéuticas acordes con los nuevos enfoques del momento.

El mejor símbolo de este desastre, y a la vez el más terrorífico, fue la amplia aplicación de la lobotomía frontal, una cruel técnica quirúrgica que desconectaba las regiones del cerebro que desempeñaban un papel crucial en múltiples aspectos de la vida emocional, incluyendo la memoria, el autocontrol y la interacción social. La excepcional película *Alguien voló sobre el nido del cuco* recoge de manera conmovedora las consecuencias de estas lobotomías practicadas a lo largo del pasado siglo a muchos miles de pacientes esquizofrénicos o con depresión severa. Sorprendentemente, estas intervenciones fueron certificadas al máximo nivel con la concesión en 1949 del Premio Nobel de Medicina al neurólogo Egas Moniz, autor de una bárbara invención que se practicó legalmente por última vez en 1967. En paralelo a la práctica de la lobotomía, durante estos mismos años de mediados del siglo pasado se desarrollaron otras terapias para los enfermos mentales, entre las cuales figuraban, por ejemplo, el electrochoque, la psicocirugía, la infección malárica y el choque insulínico. Todas ellas tuvieron su espacio y su momento, pero la terapia electroconvulsiva es la única que aún se practica, aunque con una perspectiva más humanizada que antaño y restringida a casos específicos de resistencia o intolerancia a otros tratamientos (<https://sepsm.org/wp-content/uploads/2022/06/2018_Consenso_TEC.pdf>). Sin embargo, con la perspectiva del tiempo transcurrido, del resto de aproximaciones podemos decir que proporcionaron resultados positivos reproducibles en apenas un número significativo de pacientes.

Finalmente, y mientras acontecían estas desgraciadas situaciones que creaban tanta incertidumbre en los enfermos mentales como en sus familias, la farmacología acabó acudiendo en apoyo de la psiquiatría y puso a su disposición una colección de medicamentos eficaces frente a los distintos trastornos emocionales. La gran mayoría de estos neurofármacos se introdujeron en la segunda mitad del pasado siglo y llegaron a la clínica psiquiátrica por una combinación de azar y perspicacia de sus descubridores. Por ejemplo, el cirujano francés Henri Laborit observó que la clorpromazina, un derivado de la prometazina, fármaco de efectos antialérgicos, provocaba una *hibernación artificial* o *quietud beatífica* en sus pacientes, por lo que pensó que podía ser útil como potenciador de la anestesia en las intervenciones quirúrgicas. Para ensayar estos compuestos en pacientes psiquiátricos no hizo falta más que un poco de intuición y una sencilla extrapolación de resultados; y así es como se constató que tales medicamentos podían modular o suavizar los diversos daños psicomotores, por lo que en poco tiempo se incorporaron a las pautas terapéuticas de miles de enfermos mentales. Casi simultáneamente se introdujo el haloperidol, que, al igual que la clorpromazina, ejerce su efecto antipsicótico mediante el bloqueo del receptor D_2 de la dopamina, un neurotransmisor asociado con la recompensa emocional e hiperactivo en las áreas del cerebro implicadas en la generación de los síntomas psicóticos.

Durante un tiempo también fue muy utilizado el meprobamato, comercializado con el nombre de Miltown, un relajante muscular empleado en el control de los trastornos de ansiedad y al que parece que los Rolling Stones dedicaron con toda intención la canción *Mother's little helper*. Como tantas veces sucede en la interminable carrera de relevos entre medicamentos, el Miltown dejó de suscitar interés cuando se sintetizaron las nuevas benzodiacepinas. Estas moléculas se habían usado en otras épocas para elaborar tintes, pero la introducción de diversas modificaciones químicas en su estructura molecular condujo al Librium (cuyo nombre deriva de *equilibrio*) y finalmente al Valium, uno de los elixires más populares y de mayor rendimiento económico en la historia de la farmacología de la salud mental.

Así, paso a paso y medicamento a medicamento, se fue construyendo el pequeño universo farmacológico de los ansiolíticos y de los neurolépticos, cuyos nombres (*ansio*, 'ansiedad'; *lytikós*, 'que disuelve'; *neuro*, 'nervio'; *lepto*, 'sujetar') demuestran sus respectivos cometidos: calmar la ansiedad y aplacar los nervios de los pacientes. Junto a ellos llegaron también los antidepresivos, a los que el propio Freud había prestado temprana atención, dedicándose él mismo al estudio y consumo de la cocaína, droga a la que calificaba de «sustancia mágica y gran tesoro de los incas»; y tras los opiáceos llegaron la imipramina y la iproniazida, pertenecientes a dos familias farmacológicas distintas: los antidepresivos tricíclicos y los inhibidores de la monoaminooxidasa, cuyos efectos benéficos derivan de su capacidad para bloquear la destrucción de hormonas psicoestimulantes y neurotransmisores como la noradrenalina y la serotonina.* La toxicidad de tales compuestos impulsó la búsqueda de nuevos fármacos sobre la base de los mismos principios, tarea que abrió el camino al desarrollo de la denominada psiquiatría biológica. En esta nueva etapa se creó, por ejemplo, la fluoxetina, el principio activo del Prozac, que pronto se convirtió en el nuevo elixir frente al mal de la tristeza.

Además, durante estos años se confirmó que el litio era un estabilizador del ánimo y se acabó autorizando su uso clínico en pacientes con trastorno bipolar y con otros problemas mentales. Otro momento de optimismo transitorio vino con el descubrimiento de que el neurofármaco llamado levodopa provocaba una rápida recuperación de las personas afectadas por la encefalitis letárgica, una extraña enfermedad que cursa con alteraciones mentales y que causó decenas de miles de muertos en Europa en las tres primeras décadas del siglo XX. En cualquier caso, en este breve repaso por la historia de los tratamientos de los males del alma, no podemos obviar los graves problemas que han generado las distintas terapias basadas en compuestos neurolépticos, ansiolíticos o antidepresivos. Así, algunos de ellos provocan importantes daños colaterales, como, por ejemplo, una acusada tendencia a la indiferencia emocional o el desarrollo de *discinesia tardía*, afección que causa graves trastornos del movimiento y cuyos efectos persisten tras la retirada del neurofármaco en cuestión. Por último, nos enfrentamos al gravísimo problema de las adicciones, que siempre han preocupado, pero que, con la reciente y creciente ola de muertes causadas por el consumo de fentanilo y de oxicodona, especialmente en jóvenes norteamericanos, ha alcanzado unas dimensiones que exigen una urgente intervención.

En suma, el desarrollo de toda esta colección de medicamentos enriqueció de manera impresionante la respuesta de la medicina y la ciencia al mal de la tristeza. Por eso, nuestra nueva ecuación de la salud mental debió añadir el término *medicación* a los de *atención*, *comprensión* y *conversación*. Curiosamente, estos avances terapéuticos tuvieron una segunda consecuencia, pues, con la aplicación de los nuevos tratamientos, los hospitales psiquiátricos redujeron progresivamente el número de ingresos o la duración de las estancias de los pacientes atendidos en sus instalaciones. Así, muchos enfermos, tratados, pero no curados, salieron a la calle sin recursos sociales ni económicos para rehacer sus vidas y, en muchas ciudades del mundo, contribuyeron a engrosar el dramático censo de las personas desprovistas de hogar. Más que una solución, estos avances terapéuticos fueron, en realidad, un simple dique de contención, pues al final resultaron insuficientes para los pacientes, para sus familias, para los psiquiatras, para los psicólogos, para los asistentes sociales y, en suma, para todos los actores comprometidos con el cuidado de la salud mental.

Acompañados por este panorama de logros e incertidumbres, la gran nave de la salud mental, muy distinta a *La nave de los locos* que pintó

El Bosco, concluye su viaje al pasado. Esta nueva nave que trata de mirar sin estigmas y bajo el prisma del conocimiento al futuro de los trastornos emocionales nos deposita en el puerto del siglo XXI, el de la inteligencia artificial, pero también el que nos trajo la consolidación de varios proyectos científicos que estaban llamados a tener un impacto extraordinario en la medicina en general, y también en el ámbito de la psiquiatría. Desde 2001, el Proyecto Genoma Humano comenzó a ofrecernos los datos genómicos de pacientes con enfermedades mentales. Dos décadas después disponemos de la información de los secretos moleculares más íntimos de miles de personas con trastornos emocionales, desde la esquizofrenia y la bipolaridad hasta el autismo y la depresión. Sin embargo, los resultados han distado mucho de satisfacer las expectativas adelantadas por algunos líderes de la opinión científica o mediática, pero poco versados en la interpretación del lenguaje genético. Las alteraciones genómicas encontradas en familias con algunas de estas enfermedades no suelen ser comunes a muchos pacientes y se pueden calificar como pertenecientes a la categoría de *mutaciones privadas*. Por otra parte, a menudo, las variantes genéticas asociadas a una mayor propensión a padecer unas u otras patologías mentales no han podido ser confirmadas en estudios posteriores a los originales, llevados a cabo en poblaciones distintas.

En suma, la predisposición genética a las enfermedades psiquiátricas rara vez es monogénica, sino que lo habitual es que sea poligénica y hasta omnigénica. Además, se han detectado solapamientos sustanciales entre los genes alterados en trastornos mentales con distintos nombres, de forma que, por ejemplo, un mismo gen puede estar mutado en pacientes con autismo o con esquizofrenia. De manera análoga, los estudios con gemelos monocigóticos han demostrado frecuentes discordancias en su predisposición al desarrollo de enfermedades neuropsiquiátricas. Todos estos datos confirman la necesidad de procurar una **atención individualizada** a los pacientes, para lo cual es preciso realizar un análisis lo más exhaustivo y profundo posible de los factores ambientales y sociales que influyen en la forma en que nuestro cuerpo y nuestra mente abordan la aventura de la supervivencia y se enfrentan a sus crisis de homeostasis.

En paralelo al Proyecto Genoma se han ido desarrollando proyectos dirigidos al estudio del cerebro que pretenden ir más lejos de todo lo imaginado hace unos años. Estas iniciativas tampoco han estado exentas de dificultades ni de decepciones. La primera de ellas, generosamente financiada por la Unión Europea y dirigida por el neurocientífico Henry Markram de la Escuela Politécnica de Lausana (Suiza), comenzó en 2008 y recibió el nombre de Blue Brain. El objetivo general de este proyecto consistía en construir una simulación funcional de los procesos fisiológicos característicos del cerebro humano, pero duele decir que acabó en un rotundo fracaso. En la actualidad se están tratando de reformular y redimensionar todos los aspectos científicos, logísticos y administrativos de este proyecto fallido en su primera aproximación. Cinco años después de la iniciativa del Blue Brain, aunque con una perspectiva mucho más acertada, comenzó el proyecto norteamericano llamado BRAIN, dirigido por el brillante neurobiólogo español Rafael Yuste. En este caso, el objetivo general es poder llegar a tener una visión global e integrada del funcionamiento de nuestro cerebro y de la manera en la que se conectan e interaccionan entre sí sus innumerables componentes, incluyendo su complejo universo neuronal y estructuras como el hipotálamo, la amígdala, el hipocampo o la habénula, que configuran el sistema límbico del cerebro, encargado de controlar procesos tan básicos como la memoria, el sueño, el apetito, el deseo o el miedo.

Probablemente, estos estudios nos aportarán nuevas e importantes lecciones no solo en lo referido a cómo pensamos, cómo imaginamos, cómo soñamos, cómo aprendemos, cómo recordamos y cómo olvidamos, sino también a cómo enfermamos. En los últimos años, el concepto de enfermedad psiquiátrica ha evolucionado desde la mera consideración del desequilibrio existente en algunos factores químicos a otro más global en el que se evalúan los posibles desajustes en los circuitos que conectan las ingentes cantidades de neuronas que construyen el conectoma del cerebro. Sin duda, el futuro cuidado de la salud mental mejorará con los logros de estas importantes iniciativas, pero no deja de preocuparme el hecho de que a menudo se siga considerando el cerebro como un órgano aislado e independiente del resto del cuerpo. Nuestro merecido aprecio al objeto más importante creado por la evolución, ese que es «más amplio que el cielo y más profundo que el mar»,[3] no debe hacernos creer que se trata de algo etéreo, inmaterial y evanescente. El cerebro está muy protegido, encerrado en una cápsula ósea a la que no llega directamente la luz de la primavera ni el frío del invierno, pero sí los mensajes moleculares que vagan por el cuerpo de aquí para allá. Así, **el corazón, la piel, los intestinos o los pulmones conversan con el cerebro** y generan colectivamente ese mundo de señales e interacciones que construyen un ecosistema único y dinámico: el de nuestra propia vida. Entender e integrar todos estos lenguajes es una tarea que se presume mucho más compleja de lo que a veces nos cuentan. Por eso intuyo que todavía faltan muchos años para que se puedan definir con precisión las últimas claves subyacentes a los misterios de las emociones, de la conciencia y del pensamiento, que siguen estando entre las últimas fronteras del conocimiento.

En definitiva, los genomas, los conectomas y los interactomas nos han comenzado a proporcionar una gran abundancia de datos, pero los progresos en la curación de las enfermedades mentales han sido todavía insuficientes. Por supuesto, habrá que seguir trabajando y habrá que seguir confiando; pero, mientras tanto, **los números asociados a los trastornos del alma siguen creciendo**. Con curiosa impaciencia reviso el llamado *DSM*, la biblia de la psiquiatría, en busca de información y consejo. Esta sencilla abreviatura esconde un nombre largo y significativo, *Diagnostic and Statistical Manual of Mental Disorders* (traducido al castellano como *Manual diagnóstico* *y estadístico de los trastornos mentales*), texto que viene publicando desde 1952 la Asociación Estadounidense de Psiquiatría. La primera edición del manual (*DSM-1*) recogía nada más y nada menos que 106 trastornos mentales, una cantidad ciertamente asombrosa, pero que queda muy atrás de los 297 males recogidos en la versión más reciente, *DSM-5*, publicada en 2022. Sin duda, ante estas impresionantes cifras lo primero que se nos ocurre pensar es que lo verdaderamente increíble es que haya alguien que tenga una mente sana; lo absolutamente milagroso es que no estemos afectados por uno o varios de estos trastornos.

Abrumado y sobrepasado por tales números, recuerdo el poema de Idea Vilariño que dice:

Todo es muy simple mucho
más simple y sin embargo
aun así hay momentos
en que es demasiado para mí
en que no entiendo
y no sé si reírme a carcajadas
o si llorar de miedo
o estarme aquí sin llanto
sin risas
en silencio
asumiendo mi vida
mi tránsito
mi tiempo.

Acompañado por estos versos, trato de no dejarme llevar por la sensación de que este problema es demasiado para mí o para todos, e intento comprender lo que puede esconderse tras el denso y poblado censo de los males mentales. Asumo que muchas de las entradas en el listado del *DSM-5* no corresponden a trastornos concretos, sino a conjuntos de síntomas que contribuyen a explicar vidas emocionalmente complejas y futuros vitales al borde del naufragio, pero sin que ello signifique que puedan catalogarse todavía como entidades molecularmente bien diferenciadas. Esto ha hecho que se introduzca lo que en mi mente se presenta como *lenguaje espectral*, ese que habla de enfermedades distintas que forman un continuo con fronteras difusas entre ellas, como es el caso de los síndromes del espectro autista. Ante esta situación de diversidad, complejidad e insuficiencia conceptual, científica, clínica, económica y social frente a la enfermedad mental vuelvo a plantearme qué hemos hecho mal para no mitigar más y mejor el daño que causan las enfermedades mentales que a tantos alcanzan y a todos abruman.

Mi primera aproximación a esta pregunta es muy sencilla: simplemente reviso la definición de salud mental que nos ofrece la Organización Mundial de la Salud y me sorprende saber que, para esta emblemática organización, la salud mental es «un estado de bienestar emocional en el que la persona es consciente de sus propias capacidades, puede afrontar las tensiones normales de la vida, sabe trabajar de forma productiva y fructífera y es capaz de hacer una contribución a su comunidad». Sin duda, es una definición amable y bienintencionada, pero, a tenor de la evolución de este problema en los últimos tiempos, algo se ha debido de perder en la traslación a la realidad. Al parecer, los dirigentes económicos y políticos que mueven los hilos del mundo no prestaron mucha atención a la epidemia de soledad y tristeza que se aproximaba. Se estaba generando una **gran herida social que no cicatrizaba** y que podía convertirse en una entidad tan amenazante como el planeta Melancolía de Lars von Trier, que, después de muchos eones oculto tras el Sol, cambia de órbita y emprende un camino silencioso hacia la Tierra. Los expertos no tienen claro si este metafórico cuerpo celeste pasará de largo sin ni siquiera rozarnos, o bien colisionará con nuestro planeta, destruyendo a todos sus habitantes. Con un lenguaje visual de extraordinaria belleza, Lars von Trier nos enfrenta a la realidad de la depresión y de otras enfermedades mentales que todavía generan profundo rechazo o absoluta negación entre quienes no las han visto de cerca y se creen inmunes a ellas.

Esta melancólica película fue para mi mente una llamada de atención tan importante como la que ejerció *El grito* de Munch la primera vez que vi esta imagen en una sencilla reproducción pegada al forro de una carpeta de apuntes. Una década después me he acercado de nuevo a *Melancolía*, y pese a que mi mirada está ya más cansada de la vida y del mundo que hace diez años, me ha vuelto a parecer una obra de arte maravillosa. Entendí mejor que antes la verdadera dimensión de la metáfora construida por Von Trier, que dibuja con bella elocuencia **la vacuidad de las relaciones sociales** ocultas tras la opulencia y la grandilocuencia, el dilema de la protagonista entre el miedo a perder todo su mundo personal y la felicidad de saber que su angustia por fin podría terminar; y sí, también me quedó muy clara la idea de que en realidad no somos gran cosa en el incansable y entrópico devenir cósmico.

Tras contemplar extasiado el fascinante final de la película, no pude dejar de pensar que el desdén histórico hacia la salud mental surge en buena medida del hecho de que muchos seres humanos no son capaces de imaginar lo que se siente cuando un eclipse de alma avanza silenciosamente hacia ti mismo, como si fuera tu particular planeta Melancolía aproximándose al interior de tu cerebro. Paradójicamente, entre esta colección de negacionistas o ignorantes de las enfermedades mentales figura un pequeño pero activo colectivo de seres perversos: **los grandes maestros de la protervia**.[*, 4] Muchos de estos viles individuos son meros acosadores de manual y en su mente albergan males psíquicos de difícil solución, como el de su incapacidad de aceptar sus grandes insuficiencias personales, esas que a menudo están también en el origen de las depresiones y daños que ellos infligen a otros. A estos apóstoles de la protervia se suman los que practican el arte de la *epicaricacia* y disfrutan del *schadenfreude*, una palabra alemana que expresa la alegría por la desgracia ajena; y a ellos se añaden también los indiferentes, esos seres sin alma que nunca acuden cuando se les espera o se les necesita; y los cobardes, prestos a esconderse cuando sopla el viento del miedo, incapaces de asumir sus responsabilidades o de pedir disculpas por sus infames actos, mientras asisten impávidos a la demolición de quienes siempre dieron la cara por ellos; y, por último, los ingratos, que padecen amnesia de alma y no parecen recordar que, cuando algo necesitaron, a menudo hubo alguien que hizo lo posible y lo imposible por ayudarlos, pero cuando a ellos les llega el momento de ayudar están siempre ocupados en otros menesteres. Por supuesto, en el censo de observadores y opinadores sobre la aproximación de meteoritos ajenos están también las muchas buenas personas que, con toda bonhomía o ingenuidad, te dicen que ya pasará, que tienes muchas cosas buenas alrededor y que no debes quejarte, para después concluir con un «¡vamos, tú puedes, lo vas a superar!». Sin duda, a todos ellos, abanderados del buenismo y practicantes del pensamiento positivo, les cuesta comprender lo difícil que es tener la fuerza y el valor necesarios para seguir adelante cuando ves acercarse el planeta Melancolía, y no necesitas consultar a ningún experto para saber que va a colisionar contra ti y todo tu mundo va a colapsar.

Y sí, al final y ya en pleno siglo XXI parece que algunos de «los importantes» se han dado cuenta de la magnitud de la herida colectiva y han emitido aquí y allá algunas señales de preocupación, aunque el lenguaje utilizado sea en muchos casos impreciso y condescendiente, y el tono de voz, demasiado bajo y encuadrado en la categoría de los susurros que antaño se utilizaban para hablar del cáncer, «esa larga enfermedad que es mejor no nombrar». Recientemente, la Organización Mundial de la Salud ha declarado con prístina claridad que la depresión y otras modalidades de daños emocionales están llamadas a convertirse en el nuevo Gran Mal de la humanidad, sobrepasando a las enfermedades que habían llevado anteriormente este indeseable estigma: el cáncer y las patologías cardiovasculares.

Entretenido con estas informaciones sobre la salud mental que provienen de los diluvios y los vendavales de datos de todo tipo que nos regala el dataísmo, me pregunto si lo que quizás está ocurriendo es que cada vez hay más seres humanos que se sienten víctimas de una mala adaptación social al mundo en el que nos ha correspondido vivir. Tal vez sea esta situación la que subyace a la definición de esa novena clave que Leonardo da Vinci echó de menos en nuestra rayuela de la salud. Construyo mis propias metáforas, pienso en el malvivir y en el *mal de vivre*, en el mal de la tristeza y en los eclipses de alma, y recuerdo el concepto reciente de *disbiosis*, introducido para explicar el desequilibrio que surge del desencuentro entre nuestras células y las de los microorganismos que nos cohabitan. De pronto acude a mi memoria mi querido amigo el poeta Fernando Beltrán y me convierto en nombrador a tiempo parcial. Sin pensarlo mucho, invento una nueva palabra, *trisbiosis*,* que designa la disbiosis causada por la tristeza, la disbiosis del alma, una pérdida de la armonía molecular inducida por los factores psicosociales que nos envuelven por dentro y por fuera, y que ejercen una influencia decisiva en nuestra salud.

CAPÍTULO 14

La adaptación al mundo

Las alas de la palabra *trisbiosis* siguen revoloteando en mi mente como si fueran las de las leves libélulas azules de la Fontaine Médicis. Trato de pensar en cómo integrar esta idea sobre la disbiosis causada por la tristeza en el contexto de las claves de la salud. Recuerdo que Friedrich Nietzsche, un triste de manual, dijo que «no creía en ningún pensamiento que no hubiera surgido al aire libre y estando en movimiento», así que decido seguir su consejo y salgo a caminar. La ambición de Nietzsche fue llegar «más allá del bien y del mal», pero la mía es mucho más modesta: solo deseo llegar hasta el bosque de Boulogne para visitar una exposición de Mark Rothko en el museo Fondation Louis Vuitton, construido por Frank Gehry. Imagino con optimismo que más de dos horas de continuo movimiento nietzscheano tal vez puedan dar lugar a algún pensamiento *otiniano* que me ayude a ordenar la mente. No voy solo, inicio mi larga caminata con Laura Itandehui, que «no necesita de mucho» para poder vivir en armonía molecular y alejar de su entorno el mal de la tristeza. Como casi siempre, cruzo el Sena por el Pont des Arts, pero esta mañana de sábado, Lucía, la Maga de *Rayuela*, tampoco está apoyada en la barandilla del puente mirando al río que fluye bajo sus pies. Entro en la plaza del Louvre y giro a la izquierda para renovar mi saludo a las pirámides de Ming Pei. Allí, la imagen del gran Leonardo acude de nuevo a mi memoria, supongo que por una lógica asociación de ideas entre la presencia de las pirámides y la historia contada en *El código Da Vinci*. Sin embargo, inesperadamente, otra asociación mental mucho menos lógica comienza a hacerse un hueco entre mis circuitos neuronales.

La palabra clave de mi propio código es *Leonardo*, porque solo con susurrarla recuerdo de inmediato a otro Leonardo, Leonhard Euler, que no nació en Vinci, sino en Basilea. Al margen de mi personal asociación mental entre Leonardo da Vinci y Leonhard Euler, lo verdaderamente sorprendente, lo absolutamente inaudito es que ambos nacieron exactamente el mismo día, 15 de abril, aunque separados por doscientos cincuenta y cinco años. Anonadado por esta asombrosa coincidencia de la que no tenía noticia previa, quiero creer que tanta precisión, la misma con la que Paracelso escogía a sus discípulos, solo puede obedecer a un nuevo episodio de entrelazamiento cuántico semejante a los imaginados por Albert Einstein, Boris Podolsky y Nathan Rosen, y cuyos protagonistas son dos grandes genios: Leonardo da Vinci y Leonhard Euler. Asumo que, para muchos lectores, Euler no es un personaje tan familiar como el genial pintor toscano, pero Leonhard también vino al mundo con grandes dones que lo convirtieron en un ser singular. Dos de estos dones merecen aquí especial mención: una extraordinaria resiliencia mental que le ayudó a superar momentos muy difíciles y un talento matemático excepcional que le permitió escribir la ecuación más bella del mundo.

Leonhard Euler es uno de mis mejores ejemplos de fortaleza ante la adversidad.[1] Entre su catálogo de desgracias figuran el haber padecido dos males distintos que le dejaron ciego, haber sido testigo de la muerte de su esposa y de siete de sus doce hijos y haber sufrido el incendio de la casa en la que guardaba muchos de sus manuscritos originales. Su respuesta ante esta suma de infortunios fue reproducir de memoria los trabajos perdidos, seguir disfrutando intensamente de las matemáticas y continuar elaborando brillantes trabajos científicos que dictaba cada semana a uno de sus criados analfabetos, al que primero enseñó a leer y escribir y después a contar y calcular. Mientras voy caminando por la avenida de los Campos Elíseos, se me ocurre pensar que es una suerte que una mente tan resiliente como la de Leonhard pudiera también crear la interesante belleza que alberga la *identidad de Euler*, una fórmula que integra cinco de los números más importantes de las matemáticas y también de la vida. La ecuación contiene el misterioso cero, un número venido de la India y que parece insignificante, pero sin el cual no existirían las matemáticas, porque simbolizar la nada no es lo mismo que ser la nada, y el cero es un gran algo. Además, la identidad de Euler contiene el sencillo 1, una auténtica joya de la aritmética, porque con él podemos generar todos los demás números; y junto a él aparecen varias constantes matemáticas fundamentales: el número pi (π), que porta la esencia de la circularidad, trascendental en la geometría y hasta en la poesía; el exponencial número e, tan trascendental, irracional e infinito como π, pero más interesante para el cálculo que para la geometría; y, por último, el algebraico i, la base de los números complejos o imaginarios, imprescindibles para comprender cuestiones tan aparentemente dispares como el álgebra, la electricidad y la arquitectura del universo.

Puedo intuir la gran satisfacción de Leonhard Euler cuando imaginó sin ver la profunda armonía de su ecuación final, $e^{i\pi} + 1 = 0$, y disfrutó de ella tanto como Ludwig van Beethoven cuando escuchó sin oír su novena y última sinfonía. Sin duda, Euler fue un gran ejemplo de científico resiliente, pero también un mago de la integración, capaz de reunir conceptos muy abstractos en una sencilla y bella ecuación de enorme trascendencia teórica y práctica. Este objetivo, que Leonhard Euler alcanzó con insuperable brillantez, es exactamente el mismo que estamos persiguiendo en la definición de un concepto tan complejo y difuso como es el de la salud humana, en el cual debemos integrar un sinfín de elementos, incluidos los correspondientes a dos mundos falsamente separados, pero destinados a entenderse: la salud física y la salud mental.

Con la agradable compañía de estas reflexiones matemáticas, musicales, biomédicas y sociales, llego por fin al bosque de Boulogne. Me recibe la gran nave de Gehry, un edificio en forma de velero que parece navegar sobre un mar de agua callada, impulsado por grandes velas de cristal hinchadas por el viento del oeste y que logran transmitir una mágica ilusión de movimiento. Entro en el museo; es tan temprano que apenas hay un puñado de visitantes, lo cual me permite disfrutar del arte excepcional de Mark Rothko con total tranquilidad. Recorro las distintas salas con calma y me detengo en la entrada de cada una de ellas para impregnarme de sus diferentes atmósferas. A continuación, observo cada cuadro con todos los sentidos en plena alerta, tratando de recoger las impresiones y las emociones que me envía la obra del artista. Más de tres horas después de iniciar mi visita a la nave que alberga las obras de Rothko como si fuera la gran biblioteca del Nautilus de Verne, llego a la sala donde termina la exposición. En ella se muestran las últimas creaciones de Mark Rothko, la colección de cuadros negros que presagiaban su triste despedida de la vida. Me recibe la figura silenciosa de un alto y desgarbado caminante con el inequívoco sello de Alberto Giacometti y que parece perfectamente adaptado a la inmensa soledad que se respira en la sala.

El silencio es abismal, casi tan hondo como la sensación de melancolía que se desprende de aquellos enormes cuadros, en los que el cromatismo es tan austero que todo se mueve en el estrecho espectro que va del gris al negro. Soledad, silencio y melancolía, pero también una curiosa sensación de bienestar. Dejo que la serenidad de ese entorno penetre en mí durante un largo tiempo. Después, comienzan a llegar masivamente los visitantes, una clara indicación para mí de que es la hora de marcharse. Al salir del museo encuentro unos paneles en los que se recogen detalles importantes de la biografía de Mark Rothko y algunos textos breves que reflejan sus pensamientos sobre la vida y sus reflexiones sobre el arte. Me acerco a ellos con curiosidad y respeto, los voy leyendo uno por uno hasta llegar a la última línea del último panel, en la que aparece una escueta frase: «*1970, Mark Rothko se donne la mort dans son atelier le 25 février*» [1970, Mark Rothko se quitó la vida en su estudio el 25 de febrero]. Este fue el final de un gran artista, la vida se le hizo ya muy grande, o muy pequeña, o las dos cosas al mismo tiempo, y él mismo decidió ponerle punto final en su taller y con la única compañía de sus últimos cuadros.

Me doy cuenta de que había entrado en el museo Vuitton admirado de la resiliencia y la fortaleza de Euler y ahora lo abandono con la desesperanza y la tristeza de Rothko. Comienzo el camino de vuelta a casa y a mitad del trayecto dejo a mi izquierda el Museo de Arte Moderno de París, en el que todavía puede verse una exposición deslumbrante de Nicolas de Staël. Pocas semanas antes, otro sábado cualquiera, había tenido la suerte y el placer de visitar por primera vez una gran colección de obras pintadas por De Staël y me habían generado una emoción comparable a la provocada por los cuadros de Rothko, pese a que sus estilos pictóricos son muy diferentes. Recuerdo las obras de ambos, las comparo mentalmente y encuentro algunas similitudes, pero al final este ejercicio me devuelve un dato dramático que trasciende a sus obras y afecta a sus vidas. Nicolas de Staël había vivido años difíciles y de gran precariedad, pero siendo todavía muy joven había triunfado como artista, primero en París y después en Estados Unidos y en muchos otros lugares del mundo. No fue suficiente; abrumado por cuestiones emocionales, confundido por problemas sentimentales y aturdido por el acoso de un innombrable crítico de arte incapaz de comprender su obra, una mañana de marzo de 1955, con apenas cuarenta y un años, Nicolas decidió quitarse la vida.

Con un nudo en el alma sigo caminando a través de los jardines de las Tullerías y unos pocos minutos después llego a la altura del museo de Orsay, en cuya entrada figuran los carteles que, utilizando la reproducción de uno de mis cuadros favoritos, *Champ de blé sous des nuages d'orage*, anuncian otra exposición imprescindible: *Van Gogh, à Auvers-sur-Oise, les derniers mois.* Tanta casualidad puede parecer de nuevo el resultado de una compleja cuestión de entrelazamiento cuántico o el sencillo fruto de ese inexorable azar que todo lo puede, pero lo cierto es que otro sábado cualquiera había visitado esa exposición en la que se recogen las creaciones de mi admirado Vincent en sus últimos meses de vida en Auvers-sur-Oise. Todos sabemos que, mientras vivió, la obra de Van Gogh fue muchísimo menos reconocida que las de Rothko y De Staël, pero su desenlace vital fue el mismo que el de estos dos últimos. Tres grandes artistas igualados por su enorme talento y a la vez por su desesperado deseo de desaparecer del mundo.

Venciendo a la melancolía y dispuesto a deshilvanar el tejido cuántico o estocástico que aúna estas tres historias paralelas me pongo a pensar y sin mucho esfuerzo encuentro una palabra que puede expresar lo que sintieron Mark, Nicolas y Vincent cuando decidieron quitarse la vida: inadaptación. Sus vidas fueron distintas, y sus circunstancias, muy dispares, pero al final llegaron a una misma conclusión: *por simple que fuera todo, era ya demasiado para ellos.* Tal era la gran verdad de la enfermedad mental; por unas causas u otras, estos tres genios de la pintura no encajaban en el mundo en el que vivían y no pudieron responder a los retos que la vida social les fue planteando a cada uno de ellos. Por supuesto, no hace falta ser un genio de ninguna clase ni en ningún ámbito para sentirnos inadaptados y apercibirnos de que no encajamos en el mundo, o en la escuela, o en el instituto, o en la familia, o en el trabajo, o en las organizaciones, o en las asociaciones, y lo peor de todo es cuando nos damos cuenta de que ni siquiera somos capaces de encajar en la vida misma. Tras estas reflexiones, el último cuadro de la rayuela de la salud ya se nos presentaba con un nombre adecuado y de apariencia científica: **adaptación psicosocial**.[2]

Vuelvo a coger la tiza blanca que usaba el maestro de Zanzíbar a quien escuché explicar la esencia de la evolución, y en una pizarra negra parecida a la suya copio mi vieja ecuación de la salud, a la cual añado ahora una sola palabra: *adaptación*. La escribo con letras grandes porque quiero decirme a mí mismo que esta novena y última clave de la salud tiene un significado especial debido a la influencia decisiva que ejerce sobre todas las demás. Después, me retiro unos pasos para mirar con un poco más de perspectiva la forma final de la ecuación.

SALUD = E (*i*, *c*) + **T** (*r*, *c*, *r*) + **R** (*h*, *h*, *r*) + **N** + **Ej** + **S** - **Tx** - **Es** + **A**

SALUD = Espacio (*integridad + contención*) + **Tiempo** (*reciclado + circuitos + ritmos*) + **Regulación** (*homeostasis + hormesis + reparación*) + **Nutrición** + **Ejercicio** + **Sueño** - **Toxicidad** - **Estrés** + **Adaptación**

Dejo que los nueve términos de la fórmula pasen, uno tras otro, por mi mente y por mi cuerpo como si fueran las páginas de uno de esos libros que pasa por nosotros, aunque a menudo creemos que somos nosotros los que pasamos por él. Tras unos minutos, unas horas o tal vez una eternidad, creo entender que he terminado mi tarea; ya solo me falta salir en busca de mi querido amigo Guido Kroemer, para tratar de avanzar en la traslación científica de las ideas reunidas en esta ecuación de la salud. Para ello tendríamos que encontrar datos moleculares y celulares que demostraran que nuestro bienestar físico y nuestro estado emocional están estrechamente unidos. Al final, y tras un largo tiempo de dedicación y esfuerzo, esta nueva aventura de búsqueda de conocimiento, tan estimulante como cualquiera de las que he emprendido con Guido, ha concluido satisfactoriamente. El fruto académico de este trabajo conjunto se ha concretado recientemente en un artículo científico cuyo título reza «The missing hallmark of health: psychosocial adaptation» (La clave perdida de la salud: adaptación psicosocial).

El concepto de adaptación psicosocial hace referencia a la tensión permanente que se genera entre el individuo y el contexto socioeconómico en el que vive. Este estresante conflicto debe resolverse mediante la activación de unos mecanismos adaptativos que optimizan nuestra capacidad para afrontar las frustraciones, las limitaciones, las insuficiencias y los abusos de todo tipo, de manera que con su concurso podremos tomar las decisiones más adecuadas en cada momento y para cada situación. De todas formas, no hay que olvidar que la adaptación psicosocial no se refiere únicamente al afrontamiento continuo de los múltiples problemas que pueden presentarse en la vida, sino también a la búsqueda activa de las necesarias interacciones sociales, que suelen ser fuente de resiliencia frente al estrés cotidiano y contribuyen a mantener lejos al fantasma de la crisis homeostática.

Nuestro trabajo de exploración de las conexiones moleculares entre dos mundos aparentemente dispares, pero a la vez tan cercanos como el de la salud somática y la salud mental no ha sido sencillo. De vez en cuando nos hemos visto impelidos a superar la limitada visión de quienes todavía consideran que el cuerpo y la mente son universos independientes. Afortunadamente, después de mucho tiempo trabajando intensamente en estas cuestiones hemos podido concluir que los mecanismos moleculares de adaptación psicosocial mantienen una estrecha relación con los ocho determinantes biológicos de la salud y de esta manera generan una compleja red de interacciones multidimensionales que aseguran la homeostasis corporal y el bienestar emocional. Esta **comunicación molecular entre células humanas y factores psicosociales** es bidireccional; de ahí que las deficiencias en estos mecanismos biológicos tengan una influencia decisiva en el desarrollo o la progresión de las enfermedades, tanto de las somáticas como de las mentales. Así, todas las perturbaciones emocionales, desde la ansiedad a la depresión, afectan en mayor o menor grado a la salud somática, ya que provocan cambios en las estructuras, las funciones y las conexiones de las diversas poblaciones celulares del cerebro, pero también alteraciones sistémicas en múltiples parámetros metabólicos, hormonales, hemodinámicos, inflamatorios, inmunológicos y microbianos.

Esta larga colección de cambios celulares y moleculares puede explicar las numerosas comorbilidades de las enfermedades psiquiátricas que encogen la esperanza vital de quienes las padecen, sobre todo la de aquellos que pertenecen a los sectores sociales más desfavorecidos. Así, distintos estudios han demostrado que los pacientes con depresión mayor pueden ver reducida su expectativa de vida media en alrededor de una década, cifra que llega a duplicarse en los enfermos esquizofrénicos. Recíprocamente, las enfermedades somáticas, y muy especialmente las patologías crónicas, afectan con frecuencia a la salud mental de los pacientes y dificultan en buena medida su plena integración social. Un ejemplo bien documentado en este sentido es el de la obesidad, que no solo predispone al desarrollo de numerosas enfermedades somáticas, sino que se asocia con una disminución de las capacidades cognitivas en la población adulta y con un notable incremento de los trastornos emocionales. En conjunto, estos datos apuntan a que el desarrollo e implementación de intervenciones terapéuticas dirigidas a fortalecer los mecanismos de adaptación psicosocial y a mejorar el manejo del estrés cotidiano pueden tener un impacto positivo muy significativo sobre la salud física.

Por otra parte, la introducción de este noveno componente de la salud relacionado con la compleja adaptación al mundo en el que vivimos nos ha llevado también a la consideración de un nuevo nivel de organización general de nuestro cuerpo. Así, cuando definimos los ocho primeros determinantes de la salud, construimos en paralelo una matriz de interacciones con ocho estratos de complejidad creciente: moléculas, orgánulos, células, tejidos, órganos, sistemas, circuitos, hasta llegar al metaorganismo, ese holobionte creado por la suma de nuestras células y las de todos los microorganismos que albergamos en nuestro interior. Sin embargo, la incorporación de la adaptación psicosocial como elemento clave que permite poner en valor la salud mental e integrarla en el contexto de la salud somática hizo necesaria la inclusión de un nivel organizativo adicional a la par que fundamental: **las interacciones psicosociales**. De esta manera describíamos en lenguaje científico una realidad cotidiana, esto es, cómo los límites de nuestro organismo trascienden los definidos por la piel que habitamos y se expanden hasta alcanzar el espacio determinado por nuestras interacciones con el mundo. Nuestra propuesta sobre las claves de la salud biológica y mental recuperaba de nuevo la simetría: nueve claves para nueve estratos, una matriz de orden 9, nueve filas y nueve columnas para formar un cuadrado perfecto.

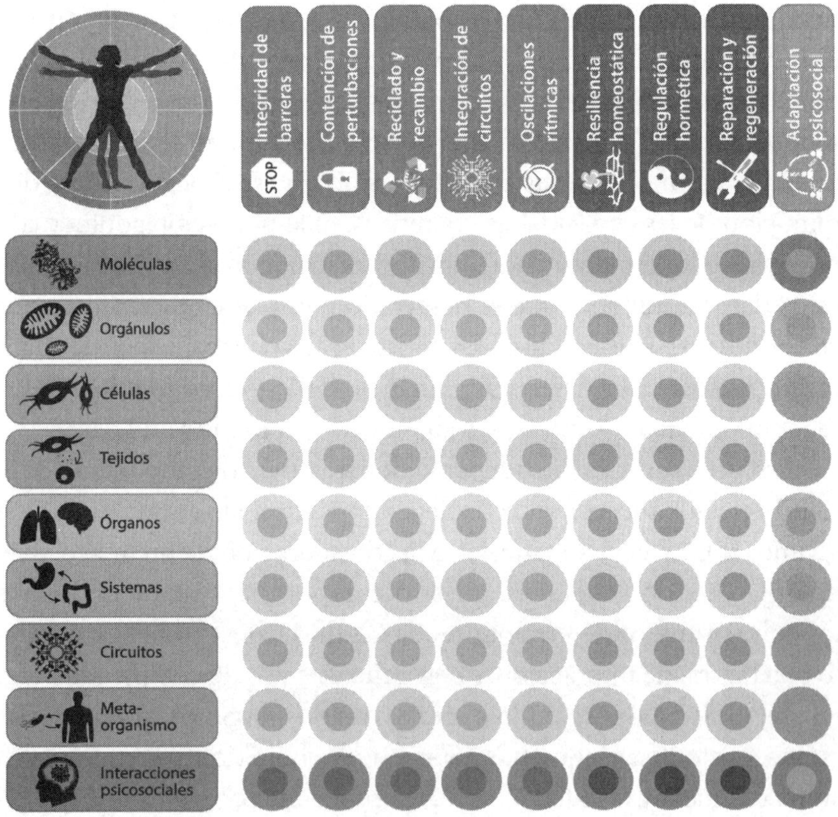

El cuadrado mágico de la salud (López-Otín y Kroemer, «The missing hallmark of health: psychosocial adaptation», *Cell Stress*, vol. 8, n.º 1, 2024).

Hoy, mientras escribía estas páginas, he sido consciente de algo que me había pasado completamente desapercibido hasta ahora. *Melencolia I*, la alegórica obra de Durero que contribuyó a expresar una nueva forma de mirar al mal de la tristeza, muestra una abigarrada colección de elementos relacionados con la geometría y la horología. Entre este conjunto de objetos simbólicos, que representan tanto la armonía de la vida como el paso del tiempo, aparece un enigmático cuadrado mágico de orden 4, con sus 16 casillas ocupadas por números no repetidos del 1 al 16. La disposición de estas cifras es tal que todas las filas, columnas y diagonales principales suman 34, una constante mágica. Curiosamente, las dos casillas centrales de la última fila están ocupadas por los números 15 y 14, que coinciden con el año en el que Alberto Durero creó este grabado (1514). Más de dos siglos después, el famoso inventor Benjamin Franklin creó un cuadrado mágico formado por 64 casillas —como los escaques del ajedrez o los tripletes del código genético— y cuya constante mágica es 260. Nuestro cuadrado de la salud adopta el formato 9 × 9 y no presenta números, pero contiene las ideas y los conceptos que hacen referencia a otros números, los relativos a la salud y la enfermedad.[3] Una vez más, las metáforas al servicio de la realidad, o la realidad al servicio de las metáforas.

El impacto recíproco de las distintas claves de la salud biológica sobre la salud mental también admite la interpretación metafórica. Así, la clave 1, referida a la «integridad de las barreras biológicas», es extrapolable a la presunta capacidad del ser humano para erigir barreras mentales que le permitan distinguir la realidad de la fantasía o separar sus esferas de actuación en el ámbito público y privado; la clave 2, «contención de perturbaciones locales», se asemeja a la necesidad de aislar los pensamientos negativos para evitar que prevalezcan en nuestra vida diaria; la clave 3, «reciclado y recambio del material biológico», es equivalente a nuestro deseo o capacidad de eliminar las malas experiencias pasadas para dejar espacio a otras nuevas que nos devuelven la esperanza; la clave 4, «integración de circuitos», nos recuerda el necesario establecimiento de un diálogo continuo y armónico entre nuestro cuerpo y nuestra alma; la clave 5, «oscilaciones rítmicas», nos muestra la posibilidad de navegar entre picos de actividad y valles de contemplación, siguiendo los ritmos marcados por las mareas del tiempo y de la vida; la clave 6, «resiliencia homeostática», está estrechamente relacionada con la plasticidad mental del ser humano para adaptarse a las continuas señales externas e internas de estrés inducidas por unos entornos personales y sociales en continua evolución; la clave 7, «regulación hormética», nos permite acondicionar no solo nuestro cuerpo, sino también nuestra alma a las futuras adversidades que comparecerán en nuestra vida; y, por último, la clave 8, «reparación y regeneración», define nuestra capacidad mental de crear nuevas rutinas psicológicas que nos ayuden a restaurar la flexibilidad cognitiva y conductual necesaria para evitar la nostalgia o la melancolía.

Y por encima de estas claves de salud, sobrevolándolas con frágiles alas de cristal *libelular*, la adaptación psicosocial, a la que todas las claves remiten en última instancia y sobre las cuales ejerce su profundo impacto e influencia. La extrema conectividad en esta intrincada red de interacciones implica que cualquier perturbación en cualquiera de las nueve claves de salud o de los nueve estratos del organismo representa una amenaza, sutil o rotunda, a nuestra estabilidad somática y mental. De nuevo comparecen con nitidez las claves de nuestra levedad, que no solo se circunscriben al mundo de las metáforas, sino que también poseen una clara realidad molecular.

En efecto, nuestro reciente trabajo sobre estas cuestiones nos ha llevado a proponer que el mantenimiento de la salud mental y la salud somática está basado en principios moleculares y celulares similares que convergen en unos pocos mecanismos homeostáticos comunes. Un análisis más preciso de estos mecanismos ha puesto de manifiesto el impacto que tienen sobre la homeostasis mental y somática los continuos cambios epigenéticos que sufre nuestro organismo en su devenir cotidiano. A ellos se suman otros factores, como, por ejemplo, la activación controlada de rutas de respuesta al estrés, la inducción adecuada de respuestas inmunológicas e inflamatorias y el control preciso de los ritmos circadianos y microbianos. Estos estudios moleculares han contribuido a explicar los efectos terapéuticos de algunos tratamientos de los trastornos mentales, pero también pueden ayudar a desarrollar nuevas formas de intervención clínica para el futuro. Se ha comprobado, por ejemplo, que algunos antidepresivos favorecen respuestas biológicas tales como la autofagia, la neuroplasticidad, la sinaptogénesis, la resiliencia homeostática, la hormesis y la sincronización de nuestros ritmos biológicos.

En lo que hace a las nuevas estrategias terapéuticas, las técnicas de reprogramación epigenética* nos han permitido obtener células neuronales en pacientes afectados por distintos trastornos psiquiátricos, entre los cuales se encuentran la esquizofrenia, el trastorno bipolar y la depresión mayor. Estas células pueden ser muy útiles para la generación de modelos como los organoides y asembloides cerebrales que ayuden a entender los mecanismos de las enfermedades mentales y a desarrollar nuevos medicamentos en el futuro; sin embargo, la aplicación directa a pacientes psiquiátricos de estas células reprogramadas parece todavía muy lejana. Más cercanas pueden estar las intervenciones dirigidas a corregir la disbiosis asociada a muchos trastornos mentales. La restauración de una microbiota sana y la administración de ciertos metabolitos microbianos llamados psicobióticos puede mejorar algunas deficiencias en pacientes psiquiátricos e inducir una mayor resiliencia al estrés, aunque hay que resaltar que las evidencias clínicas son todavía muy limitadas.

Otra alternativa prometedora es el control de la neuroinflamación que se produce durante el desarrollo de diversas enfermedades psiquiátricas. Algunas células del sistema inmune, especialmente los linfocitos T, desempeñan funciones decisivas en los circuitos neuroinmunológicos que se ven alteradas por el estrés biológico y social. En estas situaciones se generan inflamaciones no resueltas, de manera no muy distinta a las melancolías no resueltas que nos acompañan a menudo en la vida. Estas observaciones han estimulado la instauración de terapias antiinflamatorias que han funcionado bien en algunos pacientes psiquiátricos, pero todavía no son procedimientos generalizables a una amplia población de enfermos. En todo caso, en este campo todavía queda mucha *terra incognita* por explorar, como, por ejemplo, las provocativas vacunas para el *mal de vivre*, basadas en la idea de que la exposición a un estímulo conductual o psicosocial atenuado puede inducir la generación de respuestas protectoras frente a sucesivas exposiciones del mismo estímulo.

En suma, nuevos conocimientos que generan nuevos procedimientos para afrontar antiguos males mentales. La introducción de estas posibles nuevas soluciones debe ser muy rigurosa para evitar exageraciones y decepciones. Los avances en el terreno de la farmacología molecular y celular, en conjunción con aproximaciones adicionales en el ámbito de los estilos de vida y las intervenciones psicosociales que mejoren nuestra flexibilidad conductual y cognitiva, nos van a seguir ayudando a entrenar y potenciar nuestros talentos innatos frente a la adversidad cotidiana, que es frecuente y claramente creciente en campos como el de la salud mental. Por eso, además de todos estos mecanismos de homeostasis biológica, es necesario tener presente que nuestro equilibrio psicosocial depende en buena medida de nuestra personal y cotidiana interacción con el mundo que nos rodea; una compleja homeostasis social que ha sido gravemente infravalorada durante años y que solo recientemente ha comenzado a recibir la atención que requiere.

La introducción del concepto de **exposoma** —que en su sentido más actual recoge los múltiples factores físicos, químicos, microbianos, nutricionales, sociales, económicos y psicológicos a los que nos vemos expuestos en la vida cotidiana— ha sido decisiva para analizar el impacto conjunto de tales elementos en nuestra salud mental.

Sin duda, y pese a que muchos todavía se resisten a aceptarlo, el clima que irresponsablemente alteramos en la presente era antropocénica, pero también el aire que respiramos, las radiaciones que recibimos, los sonidos que escuchamos, los olores que percibimos, los microorganismos que acogemos, los alimentos que ingerimos, el agua que bebemos, el estilo de vida que adoptamos, el trabajo que realizamos, el sueldo que cobramos, la casa que habitamos, las enfermedades que padecemos, la atención sanitaria que recibimos, los miedos que experimentamos, los disgustos que sufrimos, la soledad que afrontamos, la tristeza que sentimos, la solidaridad que ofrecemos, la amistad que disfrutamos y el amor que compartimos influyen decisivamente en nuestra particular interpretación del aforismo de Juvenal *mens sana in corpore sano.*

Sin embargo, en esta visión holística de la salud, donde los lazos entre la salud física y la salud mental son tan numerosos y estrechos, las fronteras entre ambas se difuminan como si fueran un nuevo *sfumato* de Leonardo y acaban por convertirse en dos términos de la misma ecuación. Por eso el aforismo de Juvenal debe ser actualizado mediante la inclusión de un complemento adicional: *corpore sano in mens sana*. En efecto, la práctica totalidad de los trastornos mentales más graves y frecuentes van acompañados de un deterioro de la salud somática, de la misma manera que cualquier enfermedad somática, incluso las de origen infeccioso o mecánico, provoca daños significativos en la salud mental. En definitiva, *mens sana in corpore sano, et corpore sano in mens sana* sería un aforismo ampliado de salud global que nos puede ayudar a recordar una regla que ha adquirido la categoría de general. La alteración de cualquiera de los mecanismos biológicos y psicosociales que aseguran nuestra homeostasis provoca trastornos capaces de menoscabar nuestra salud mental, pero, recíprocamente, esos mismos cambios mecanísticos pueden degradar directamente la salud mental y causar graves daños a la salud somática. En este sentido, la influencia del exposoma como agente central de las posibles alteraciones en la salud mental, y por ende en la salud somática, es crucial, ya que la exposición inadecuada a factores externos, incluyendo los derivados de cambios sociales, demográficos y psicológicos, incrementa sin tregua la llamada carga alostática o estrés crónico acumulado. La aceptación de este escenario tan desfavorable nos puede llevar a un punto de no retorno, de manera que perdemos la homeostasis biológica y la homeostasis social, y tanto la salud somática como la salud mental empiezan a desmoronarse.

Nuestro intento de integrar los determinantes biológicos y psicosociales del bienestar humano puede facilitar la exploración de respuestas para mejorar la salud, y, de manera especial, la salud mental, que sigue careciendo de la atención que demandan los números que la definen y que nos abruman. Tres datos bastan para ejemplificar la incómoda verdad de la vulnerabilidad que debemos afrontar en nuestra egoísta y narcisista sociedad actual: *a)* alrededor de mil millones de personas padecen hoy día algún tipo de desorden emocional; *b)* el número de pacientes con demencias todavía incurables va a duplicarse en las tres próximas décadas y se calcula que en 2050 sobrepasará los ciento cincuenta millones; y *c)* cerca de un millón de seres humanos, incluido un número significativo de adolescentes, se quitan la vida cada año. Tres palabras en forma de hendíatris pueden ayudarnos a resumir la situación que se muestra con firme perseverancia ante nosotros: *dramática, insoportable, intolerable*.

Esta dura hendíatris me trae el recuerdo imborrable de Enol, a quien, como a Adán, nunca conocí, pero a quien nunca olvidé desde que recibí una conmovedora carta de su madre, que se animó a escribirme después de escuchar una de las entrevistas en las que yo mismo alertaba del gravísimo daño que causan con total impunidad los infames y cobardes seres que convierten el abuso y el acoso a los demás en su forma de vida habitual, como muestran con toda crudeza las películas *Better days* y *Close*. La misiva de la extraordinaria madre de Enol comenzaba con cuatro palabras, «la historia se repite», y continuaba así: «Sigue existiendo una gran confusión e ignorancia y se les ponen etiquetas falsas a los niños desde bien pequeños o crecen sin saber qué les pasa, sintiéndose raros desde que empiezan la escuela al no encajar o encajar acoplándose para pasar desapercibidos, es decir, poniéndose una máscara, como en el caso de mi hijo Enol, o a menudo etiquetados de TDAH, Asperger, autismo, [...] o de bipolares, *borderline*, psicóticos [...]. Nos comentan los sufrimientos padecidos o que padecen porque no saben quiénes son, se sienten raros, no encajan, están fuera de lugar, sufren acoso, se sienten descalificados, observados y señalados negativamente, lo que los descalifica y los hunde; [...] están hundidos y sufren en silencio, sin encontrar salida o trastocados por una medicación que los distorsiona y que no necesitan, además del acoso que los destruye; [...] [entonces] entra el silencio y piensan en el suicidio» (<https: //www.enolsuperdotacion.com/>).

Nada más puedo añadir, salvo escuchar a Sinéad O'Connor, sentir su profunda melancolía y recordarme a mí mismo que una mañana de junio, cuando la primavera acababa de anunciar una vez más la renovación de la vida, Enol decidió unir su nombre y su destino al de esos miles y miles de personas que cada año sienten que *por simple que sea todo, es ya demasiado para ellos.*

CAPÍTULO 15

La noria de la supervivencia

Tras toda una vida dedicada al estudio de la salud humana a través de la investigación detallada de las claves genómicas y moleculares de cuestiones como el cáncer, el envejecimiento y muchas enfermedades minoritarias, no deja de llamarme la atención la consistente perseverancia de nuestra fragilidad somática y emocional. La salud biológica y la salud mental forman parte de una ecuación vital que se halla en permanente tensión para acomodarse al entorno y ayudarnos a permanecer anclados a la **noria de la supervivencia**. En estos últimos años he vivido grandes decepciones en el ámbito científico y social, pero, afortunadamente, sigue intacta mi confianza en la voluntad humana de responder a los retos personales y globales derivados de la adversidad y de nuestra inevitable vulnerabilidad. Por eso, nada más que por eso, he seguido trabajando cada día, estudiando lo que otros han hecho, acudiendo a un laboratorio para tratar de contribuir personalmente a los necesarios avances, enseñando con naturalidad lo que he aprendido y ocupándome de ayudar a cuantos lo han solicitado, desde estudiantes hasta pacientes. En definitiva, he tratado de dibujar en mi mente cómo será el panorama futuro del cuidado de la salud cuando ya nada pueda aportar, cuando mis manos no giren el caleidoscopio científico y social del porvenir y no pueda ver cómo serán las nuevas geometrías que generan sus cristales de colores, y, en definitiva, cuando ya todo forme parte de «mi vida sin mí».[1]

En mi opinión, y ya en relación con los descubrimientos más recientes e innovadores surgidos en el ámbito biomédico y llamados a convertirse en regalos de tiempo y vida para las nuevas generaciones de *Homo sapiens sapiens*, las perspectivas que se intuyen son estimulantes en términos generales. Sin embargo, debemos desterrar la innecesaria exageración y prestar mucha más atención a los mensajes escritos con letra pequeña. Así, en el plano global, no podemos dejar de pensar en el impacto de la **inteligencia artificial**, ese nuevo objeto de culto que ha irrumpido con la promesa o la amenaza de cambiar nuestra vida. En este sentido me atrevo a recordar en voz baja que, en un pasado no muy lejano todavía, sufrimos la inundación de sucesivas mareas de noticias acerca de todo lo que nos iban a ofrecer los avances tecnológicos. Entre ellas, pocas tan provocativas como el anuncio del inminente triunfo de las máquinas, que, después de tanto aprendizaje por nuestra parte, iban a lograr reemplazarnos en muchas tareas e incluso a desalojarnos de nuestro lugar especial en el mundo. La realidad es que, hasta ahora, en muchos ámbitos, incluyendo el de la salud, las expectativas no se han correspondido con la verdad.

Al azar y sin mucho pensar, acuden a mi mente natural tres ejemplos concretos. Todavía recuerdo el momento en el que, hace menos de cuatro décadas, envié mis primeros mensajes por internet, ese instrumento que ha sido fundamental en nuestras vidas y en nuestros trabajos. Mi propia labor profesional se ha beneficiado extraordinariamente del intercambio instantáneo de datos científicos de todo tipo —especialmente secuencias genómicas— con investigadores de todo el mundo a los que nunca he visto, pero con quienes he publicado artículos conjuntos que han ayudado a muchos pacientes con graves enfermedades. Sin embargo, al margen de estas situaciones tan positivas, la promesa de que internet nos haría trabajar mucho menos y vivir mucho mejor no solo no se ha cumplido, sino que nos ha traído justo lo contrario: un mundo globalizado e hipercompetitivo en el que nunca se apaga la luz azul. Por lo demás, el desarrollo de esa forma primitiva de inteligencia artificial construida en torno a la red de internet fue el germen del inquietante y ambivalente mundo de las actuales redes sociales, que en su lado positivo han constituido una forma de multiplicar las conexiones y las relaciones en el mundo. De hecho, el número de Dunbar, esa cifra que mide el promedio de relaciones sólidas y efectivas que cada uno de nosotros establece a lo largo de la vida, ha experimentado un crecimiento tan desmesurado como artificial, y sigue en alza. Sin embargo, paradójicamente, la epidemia de soledad e incomunicación se ha extendido por todo el planeta, y las citadas redes se han convertido en el instrumento por excelencia del acoso, la extorsión y la violencia.

El segundo ejemplo que acude a mi memoria biológica con relación al auge de la inteligencia de las máquinas tiene que ver con los robots y la función que desempeñaron en el abordaje de un suceso inolvidable que aconteció en Japón la pasada década. El 11 de marzo de 2011 se produjo un grave accidente nuclear en Fukushima como consecuencia de los daños generados por un tsunami que arrasó la costa japonesa. La catástrofe obligó a tomar medidas urgentes que pasaban necesariamente por la desactivación del reactor de la central nuclear. Todos pensamos que un país como Japón, pionero en la ciencia de la robótica, contaría con los robots precisos para afrontar con rapidez y eficacia esa importante demanda. No fue así; los robots disponibles no resultaron útiles y, al final, los encargados de asumir aquella peligrosa tarea fueron seres humanos que lograron el propósito que se les encomendó, pero a cambio desarrollaron muy pronto leucemias y otros tumores malignos que les acabaron causando la muerte. Desde entonces, cada vez que escucho las exageraciones habituales en este campo, pienso en estos anónimos trabajadores suicidas, kamikazes sin alas y sin aviones, que dieron una dramática dimensión de realidad a los logros actuales de la inteligencia artificial.

Finalmente, el tercer ejemplo que me viene a la mente sobre la aceptada y hasta aplaudida manifestación de promesas que no se pueden cumplir es el relativo a la singularidad* y la inmortalidad. Los grandes gurús del tecnooptimismo aplicado a la salud, haciendo ostentación de una exagerada y desenfocada *promisómica* (esa nueva disciplina brillantemente definida por Álex Gómez-Marín), concluyeron que, en 2045 y con la ayuda de la inteligencia artificial, el ser humano se atribuiría una condición especial copiada de la astrofísica y llamada singularidad, merced a la cual se operaría en nuestros cuerpos y nuestras mentes una transformación tan profunda como definitiva. El resultado más tangible de esa situación transformadora sería el de la inmortalidad física. Mi opinión a este respecto la voy a expresar de forma muy concisa porque ya he hablado a menudo sobre este tema en numerosos foros. Han pasado más de trece años desde que la revista *Time* y algunos otros medios dieron amplia cobertura a estas ideas, pero, afortunadamente, no he visto señales de que nada de esto haya pasado o vaya a suceder en las dos décadas que en teoría le faltan a nuestra especie para alcanzar la humana inmortalidad. Lo que sí he constatado es que todos los líderes de esas iniciativas han envejecido al ritmo normal, o incluso acelerado por exceso de estrés, y algunos se han despedido ya de la vida, no sé si con nostalgia o con indiferencia ante la vulgar realidad final de sus sueños de inmortalidad.

Hoy, las confusas aguas de la singularidad y de la inmortalidad se han vuelto a agitar, sobre todo desde la impactante aparición en escena de los nuevos sistemas de lenguaje, aprendizaje y comunicación basados en la inteligencia artificial generativa. A la cabeza de todos ellos, al menos por ahora, el ChatGPT-4 (Generativo, Preentrenado y Transformador), que ha comenzado a renovar por todos los rincones la promesa del cambio definitivo que nos traerá esta disciplina. Lo cierto es que no deja de sorprenderme la exageración y el exceso en torno a estos sistemas que poseen «habilidades sin comprensión», pero carecen de inteligencia y no son conscientes de su existencia. Sin duda, estos «loros estocásticos», si logran superar su tendencia al olvido catastrófico de la información aprendida cuando reciben nuevos datos, pueden ser muy hábiles y útiles en el desempeño de tareas cotidianas concretas, pese a que no entiendan el material que crean, ni se cuestionen si obedecen a la verdad, ni se planteen si han de generalizar o integrar sus textos en contextos más amplios o profundos, y sin que ni siquiera sepan ni les importe qué es un ser humano.[2]

Procuro aislarme de la propaganda y leo a brillantes científicos que trabajan con rigor en las aplicaciones médicas de estas tecnologías sin sucumbir a los grandes intereses económicos que subyacen al desarrollo de este nuevo paraíso, tantas veces prometido y tantas veces perdido.[3] Hoy podemos considerar que el impacto de la inteligencia artificial en la salud puede ser relevante en tres niveles: los profesionales de la medicina, los pacientes de los muchos males del mundo y los atribulados sistemas sanitarios. En general se habla de que la inteligencia artificial mejorará sustancialmente la relación médico-paciente, la interpretación de las imágenes y parámetros clínicos, o la gobernanza y transparencia de los procesos. Esperaremos con paciencia el cumplimiento de estas predicciones. Mientras tanto, en concreto y en positivo, mis mayores expectativas al respecto se centran en la **instauración ordenada y dimensionada del dataísmo** en los estudios concernientes a la salud humana. En alguna ocasión me he referido al dataísmo como una religión agnóstica en la que las respuestas preceden a las preguntas, porque no se formula ninguna hipótesis, nada se postula *a priori*, se acumulan cantidades ingentes de datos sobre un problema y se deja que ellos hablen y nos ayuden a elaborar las hipótesis que nos guíen en su resolución. En estos últimos años, el dataísmo ya ha comenzado a examinar la inmensa cantidad de información clínica, biológica y ambiental generada por las tecnologías *ómicas*, incluyendo las relacionadas con la genómica, la epigenómica, la metagenómica, la proteómica, la metabolómica, la exposómica y hasta la culturómica.*

En todo caso, espero que estos avances derivados de la conjunción entre inteligencia artificial y dataísmo médico vayan mucho más allá de lo anunciado recientemente por Bill Gates, quien, al ser cuestionado sobre ejemplos concretos de la revolución médica prometida en este sentido, incidió en que «los médicos podrán hacer algo que nos les gusta, los trámites y el papeleo administrativo, de una forma mucho más rápida y eficiente».[4] Otros avances en inteligencia artificial que me parecen de mucho mayor valor médico intrínseco son los derivados del programa AlphaFold, que permite predecir las estructuras tridimensionales de las proteínas y facilita el **diseño de nuevos medicamentos con mayor especificidad** que los que se usan en muchos tratamientos actuales. En este sentido, la inteligencia artificial ya ha proporcionado resultados importantes en la investigación de nuevos fármacos que puedan hacer frente a un problema cada vez más preocupante: las superbacterias resistentes a los antibióticos. Un ejemplo muy curioso ha sido el empleo de redes artificiales de neuronas para el descubrimiento de la halicina,[5] un antibiótico de reconocida eficacia frente a algunas de estas insidiosas bacterias, seleccionado entre más de cien millones de compuestos y que debe su nombre al ordenador HAL 9000, la mítica máquina de inteligencia artificial de *2001: una odisea del espacio.*

En medio de esta avalancha de datos, megadatos y metadatos que prometen vida, felicidad y hasta esa imposible e innecesaria inmortalidad, hay que reiterar que el objetivo principal e irrenunciable no es mantenernos vivos, sino seguir siendo humanos, de manera que el «imperio de los sentidos»[6] continúe prevaleciendo sobre la tiranía de los datos. Esta obligación, que es a la vez una necesidad, encuentra sus mejores argumentos en todo lo que gira alrededor de las enfermedades mentales. Si queremos mejorar la salud humana del futuro no podemos sino fomentar la inteligencia natural de los sentidos y las emociones que nos acercan al mundo y a sus habitantes e incluir la salud mental en la lista de prioridades absolutas de estudio bajo prismas científicos, médicos, sociales, económicos y políticos. Recuerdo el verso de José Ángel Valente «hay que convertir la palabra en la materia», y reconozco que hay que avanzar en aspectos tan básicos como la explicación exhaustiva de los mecanismos moleculares subyacentes a los desequilibrios emocionales.

Estos trabajos, junto a los avances en las tecnologías *ómicas* y la implementación de nuevas técnicas de neuroimagen, ayudarán a identificar marcadores que mejoren las actuales clasificaciones de los trastornos mentales. Se progresará así hacia una psiquiatría/psicología preventiva y de precisión, que necesariamente deberá ir asociada a medidas socioculturales, económicas y ambientales centradas en los individuos en particular y no en los abstractos indicadores de las grandes políticas sanitarias planteadas en el ámbito global, que no logran permear en la realidad personal del enfermo mental. Nuestra reciente tentativa de integración de los diversos determinantes biológicos y psicosociales de la salud puede ayudar a crear nuevos marcos de pensamiento que faciliten el desarrollo de una adicción sumamente necesaria en nuestro entorno, la **adicción social a la salud**, incluida la salud mental.

En este sentido, las campañas públicas que intentan promover la salud haciendo hincapié en los perjuicios de la malnutrición, el sedentarismo y el uso de sustancias tóxicas como las drogas, el tabaco o el alcohol deberían ampliarse para informar a la población de los factores que favorecen la salud mental. Unas pocas palabras bastan para ilustrar algunas de las necesidades apremiantes en este ámbito: educación, respeto, ayuno digital, calidad de sueño y control de estrés. Por otra parte, no estaría de más solicitar a los dioses menores que utilicen sus poderes para acabar con la impunidad de los abusadores y acosadores, esos grandes maestros de la protervia que causan tanto daño físico y mental y acaban por ser responsables directa o indirectamente de una lacerante y creciente nómina de muertes y suicidios. Y sí, también podemos invocar la utopía de Eduardo Galeano —siempre ubicada unos pasos más allá del horizonte— y pensar que la reducción o abolición de la violencia y de la desigualdad serán excelentes elixires de salud somática y emocional para la humanidad.

Miro con nostalgia *El abrazo* de Juan Genovés e imagino con ingenuidad que todos los personajes allí retratados y abrazados representan los habitantes de un mundo más amable. No me pasa desapercibida la poderosa metáfora de la única persona que no abraza a nadie, pero abre sus brazos hacia el vacío. La interpreto con la mirada de su creador; esa mujer abraza un futuro en el que nada está decidido todavía, y pienso que hay mucho trabajo pendiente en la reconstrucción final del abrazo de la salud. Imagino que cada una de las parejas que se abrazan en el cuadro va asociada a una palabra y las voy pronunciando en voz alta: *salud, santé, saúde, salute, kenkō, health, gesundheit, gezondheid, siha, olakino, osasuna, higiea, jiànkāng, geongang, terveys, haoura, heilsu, helse, hälsa, afya, impilo, ilera, rihanyo*...; todos ellos son bellos y saludables vocablos que nos permiten expresar algo intangible, pero cuya presencia anhelamos mientras navegamos por la vida abrazados a la noria de la supervivencia e impulsados por el incansable viento entrópico que, tarde o temprano, acabará «disolviéndonos en aire cotidiano».[7] Algunos no lo entienden, otros no lo admiten y muchos no lo soportan, pero lo cierto es que somos imperfectos, frágiles y vulnerables, y lo seguiremos siendo mientras no seamos como esos robots que sueñan con algoritmos y se alimentan de electrones, y mantengamos una mínima parte de material biológico en nuestra humana anatomía.

Afortunadamente, la salud tiene futuro, un futuro que será brillante si somos capaces de iluminar «esas negras sombras que asombran» a Luz Casal y a Rosalía de Castro y aceptamos que las enfermedades también tienen el porvenir asegurado porque forman parte de nuestro antiguo legado evolutivo. Los errores y las deficiencias moleculares hicieron posible el prodigioso progreso de la vida desde que comenzó su aventura en el planeta Tierra hace tres mil ochocientos millones de años, en unas condiciones mucho más difíciles que las actuales. Esas mismas imperfecciones diseminaron también las semillas de las enfermedades que con el paso del tiempo han acudido con disciplina y perseverancia a nuestro encuentro, un encuentro que no es casual, sino una cita largamente acordada, al modo de lo expresado por el maestro Borges cuando dejó escrito que «toda negligencia es deliberada, **todo casual encuentro una cita**, toda humillación una penitencia, todo fracaso una misteriosa victoria, toda muerte un suicidio».[8] Por eso, no nos queda ninguna opción mejor que la de saludar a la salud y a la vida y confiar en nuestra maravillosa capacidad de responder a la adversidad, incluyendo en ella todas las vicisitudes que se derivan de nuestra deficiente adaptación al mundo actual. Esta insuficiencia psicosocial es la que ha sembrado las semillas de otros males, los llamados trastornos mentales, para los que quizás no estábamos tan preparados. De ahí que urja cambiar de perspectiva y no debamos conformarnos con contemplar fascinados cómo el gigantesco asteroide Melancolía avanza impasible e indiferente hacia su definitivo encuentro con los habitantes del planeta social del sistema solar.

Paradójicamente, la prosperidad económica en muchos entornos de la Tierra ha conllevado la construcción de una sociedad intrínsecamente patogénica, estresada, insolidaria y banal, en la que cuesta distinguir los valores de educación y respeto, que constituyeron elementos y argumentos importantes de la evolución cultural de la humanidad. El acoso, el abuso, la violencia y la desigualdad forman parte de ese ruido social que invita a refugiarnos en islas de silencio y soledad. Sin embargo, no hay que rendirse a las primeras de cambio, y, si las circunstancias apremian, nos veremos obligados a embarcarnos en una «lucha de gigantes»[9] que nos ayude a mantener nuestras personales **islas de estabilidad** vital. En la física nuclear, estos territorios corresponden a elementos con *números mágicos* de nucleones, que les confieren una larga vida media; para nosotros, las islas de estabilidad constituyen el ansiado *élan vital* que nos ayuda a sostener nuestra homeostasis somática y mental.

Y acabo ya, «me voy a Valparaíso» y, aunque ya sé que «al mar le da lo mismo»,[10] no quería marcharme sin dejar por escrito lo que he aprendido en mi particular viaje de conocimiento al centro de la vida. Mi periplo comenzó explorando los secretos moleculares de la salud física y ha terminado por acercarme a la búsqueda de las claves que determinan la salud mental. Con ayuda de muchos, he logrado entender que la salud somática y la salud emocional son parte de una misma ecuación que, una vez formulada para cada uno de nosotros, nos puede acompañar en la práctica cotidiana del arte de vivir. Sin duda, el reto de abrazar la noria de la supervivencia mientras tratamos de adaptarnos al mundo que nos rodea no es fácil de acometer, pero hoy por hoy es el mejor que podemos afrontar cada día. El resto es melancolía.

EPÍLOGO

Comienza mi último día en París; ahora se abre una nueva etapa de mi vida en la que debo avanzar sin pausa en mi curioso proceso de metamorfosis hacia un ser tan peculiar como el zafiro de mar. Antes de irme quiero despedirme del pasado reciente y visito algunos de los lugares en los que he vivido muchas horas, todas las horas, y en los que he aprendido y he enseñado, en los que he pensado y he trabajado, en los que he leído y he escrito, en los que he caminado y he descansado, en los que he dormido y he despertado, en los que me he nutrido y he disfrutado, en los que he mirado y he soñado.

Sin más demora empiezo mi periplo: bajo por la vieja escalera de madera de Les Cordeliers, me acerco a la Bibliothèque de la Sorbonne y visito el oráculo que tantas veces ha respondido con concreción a mis extrañas preguntas. Desde allí recorro una tras otra mis catorce librerías favoritas de París, desde L'Arbre du Voyageur a Les Immortals; con emoción prosigo mi camino hasta lugares como Chez Didier, Les Éditeurs, Le Procope y los bares de Montmartre donde mantuve largas y agradables pausas nutricionales y conversacionales; después, paseo una vez más por las plazas que me han acogido de manera cotidiana: la place de la Sorbonne, la place de Saint-Michel, la place de Saint-Sulpice, la place du Louvre y la place de Furstenberg, pura armonía en su arquitectura y en sus tiendas, como la de *les fleuristes* de Flamant y la *magasin* Yveline d'Antiquités et Curiosités; a continuación, me asomo a los escaparates de las galerías de arte de la rue de Seine, saludo a Norki, la bella jirafa de ojos verdes, y me acerco a la maravillosa Officine Universelle Buly, en la que el tiempo se detuvo hace más de dos siglos.

Tras recuperar el aliento me dirijo al Pont des Arts para apoyarme en su barandilla y decir adiós al río Sena y a sus elegantes cisnes navegantes; después me despido de los puentes de Amélie, de los artistas de las calles, de la noria de la supervivencia, de las brumas y reflejos de Les Halles, de los espejos de Samaritaine, del ave albal de la Bourse de Commerce, de las extravagantes criaturas de la Fuente Stravinski, de los lunares de Yayoi, de *les bouquinistes de la Seine*, del mar de Cristal y de los charcos de París donde nacen la torre Eiffel y el mítico leopardo del Sena y en los que se bañan los museos, las pirámides, las iglesias, el genio de la libertad, los estorninos, las sirenas, las estrellas y las ballenas; y quisiera seguir mi camino, pero me doy cuenta de que se me está haciendo tarde, así que avanzo con premura por el bulevar Saint-Michel para llegar al Jardín de Luxemburgo antes de que cierre sus puertas. Allí me despido de mi ginkgo favorito, de las estoicas estatuas, de la Fuente de los Cuatro Continentes, del estanque octogonal, de las sillas verdes y de los veleros multicolores, y dejo para el final mi lugar esencial: la Fontaine Médicis. Me asomo a su mar de Solaris, en el que cabe el universo entero, cierro los ojos, busco el infinito y me olvido del mundo.

De pronto, oigo un ruido que me llama la atención y me devuelve a la realidad. No sé cuánto tiempo he pasado en el infinito, tal vez «un rato, o un minuto, o incluso un siglo, pero lo cierto es que no estoy muerto», porque sigo percibiendo el sonido que me hizo abrir los ojos. Quiero creer que es muy parecido al murmullo que se deslizaba por el vacío en este mismo lugar, aunque hace ya unos cuantos capítulos, mientras adquiría la forma de una línea recta azul, adornada con cuatro alas de cristal. Sin embargo, enseguida me doy cuenta de que estoy confundido, porque el zumbido que oigo no puede corresponder en absoluto al aleteo de las leves libélulas que sobrevuelan la superficie del estanque; es algo mucho más rotundo y elevado. Miro hacia arriba y veo que tras el Palacio de Luxemburgo comienza a dibujarse la silueta de un objeto que se acerca a la Fontaine y cuyo lento movimiento es suficiente para cortar el aire y romper el silencio. Sé que es difícil de creer, pero el objeto que estoy viendo moverse hacia mí es un auténtico montgolfier, un maravilloso globo aerostático de los que empezaron a volar sobre París en el verano del 83, de 1783.

Unos segundos después, la aeronave se detiene y, desafiando a la fuerza de la gravedad, queda suspendida en la nada justo enfrente de mí. Con emoción, observo que el montgolfier transporta dos pasajeros en su barquilla, que se asoman hacia el vacío hasta que sus miradas llegan a cruzarse con la mía. Nos examinamos mutuamente con curiosidad, pero los aeronautas no hacen lo mismo que aquella leve libélula que con un ágil aleteo prosiguió su camino: estos viajeros han venido para quedarse. La figura de uno de ellos me resulta inconfundible, porque tuve la fortuna de compartir con él espacio y tiempo en un congreso celebrado en Bruselas y, más tarde, en una breve visita que hice a su casa de Milán. Su rostro, su penetrante mirada y sus extravagantes ropajes anuncian su nombre a los cuatro vientos: es Leonardo, Leonardo da Vinci. A su lado, con la singular mirada perdida de un invidente, viaja el otro Leonardo, el mismísimo Leonhard Euler, al que es la primera vez que puedo observar en el mundo real. Leonardo da Vinci, con su desbordante simpatía habitual, grita desde el aire: «*Ciaoooooooo!* Hoy es 15 de abril, así que hemos venido a París desde las nubes para celebrar nuestro cumpleaños y, de paso, despedirnos de ti. Por favor, ayúdanos a aterrizar el montgolfier».

Tras una hábil maniobra que confirma la mítica experiencia de Leonardo en el manejo de máquinas, artilugios e instrumentos de todo tipo, el globo que pilotaba aterrizó suavemente sobre la explanada situada entre la Fontaine y el Palacio de Luxemburgo. Con asombrosa agilidad, el pintor saltó de la cesta de mimbre y pisó tierra firme. Con cariñosa empatía, ayudó a Leonhard Euler a salir de la barquilla y, asumiendo el papel de un humilde lazarillo, le guio hasta llegar a mi lado. Allí mismo, como si nos conociéramos desde siempre, comenzamos a hablar sobre la belleza de las ecuaciones y sobre la armonía que puede generar en nuestra mente una fórmula matemática capaz de explicarnos en unos pocos centímetros **las claves del mundo, de la vida y de la salud**, tres grandes e imponentes palabras. Después conversamos sobre diversas cuestiones referidas a la adaptación social y a la resiliencia personal, y ahí traté de explicar a Leonhard mi visión de la evolución de la sociedad actual, y, como lo suyo son las matemáticas, le hablé también de números, pero no de los que suelen ocupar su mente, sino de otros guarismos muy distintos, los que se refieren a la verdad de la desatención global hacia algo tan preciado como la salud mental. Comencé a ofrecerle cifras concretas de la epidemia de soledad que se extiende por las ciudades, de la falta de equidad derivada del triunfo de la desigualdad y de la pérdida de resiliencia ante la adversidad a causa de la saturación de nuestros mecanismos de respuesta molecular, demasiado ocupados con el creciente estrés de nuestras atareadas vidas.

Finalmente, compartí con el profesor Euler mi idea sobre la levedad de las libélulas como metáfora tanto de la fragilidad de nuestra salud mental como de la dificultad de adaptarse a un mundo social al que algunos sienten que no pertenecen. No quise extenderme más, era su cumpleaños y no pretendía crear una atmósfera pesimista, pero la verdad es que no pude resistirme a la tentación de comentarle las últimas noticias acerca del posible impacto del planeta Melancolía contra esta Tierra que todavía nos alberga con paciente generosidad. Tras unos segundos de silencio, Leonhard Euler con su característica mirada, perdida, pero no vacía, pues en ella se adivinaban la sorpresa y la decepción, dijo en voz muy baja: «En otro tiempo aprendí que ser o no ser era la cuestión principal; ahora no puedo entender ni aceptar que el dilema esencial sea otro muy distinto: adaptarse o morir. Me parece que algo habrá que hacer para cambiar esta triste ecuación».

Leonardo había escuchado con atención y respeto las palabras del maestro Euler y yo pensé que, siguiendo su proceder habitual, de un momento a otro expondría sus propias reflexiones sobre los datos y los números que acabábamos de comentar con Leonhard. Sin embargo, lo que sucedió fue algo realmente extraordinario y muy difícil de explicar con unas pocas palabras. Leonardo da Vinci sacó de su bolsa de viaje lo que parecía un instrumento musical, una antigua *lira da braccio* con una curiosa forma de cráneo de caballo que, según cuenta la historia, había construido él mismo. Y sin más, y también sin menos, comenzó a interpretar una sencilla y curiosa canción.

Reconocí al instante los primeros acordes de una de las obras musicales más importantes de mi vida, *Qualsevol nit pot sortir el sol* [Cualquier noche puede salir el sol]. Esta bella y onírica creación del cantautor galáctico Jaume Sisa recrea una fiesta a la que van llegando uno tras otro los muchos y muy diversos invitados que, poco a poco, y siguiendo el ritmo de la música, van llenando de colores y perfumes la casa donde acaba de comenzar la celebración de la salud y de la vida. Pese a su gran diversidad de orígenes, edades y ocupaciones, todos los asistentes tienen algo en común: vienen directamente del mundo de la fantasía. Los primeros invitados que llegan a la casa son Blancanieves y Pulgarcito, pero muchos otros acuden a continuación y yo trato de ponerles rostro en mi imaginación a medida que Leonardo va anunciando sus nombres: Snoopy, Simbad, Gulliver, Frankenstein...; y después vienen juntos Tarzán, Peter Pan y Superman, y tras ellos el señor Astérix y el señor Obélix, Bambi y Moby Dick, y la Cenicienta y el señor Charlot y la bellísima emperatriz Sissi, a la que no distingo bien de mi querida amiga Romy, que en esta misma ciudad sintió muy de cerca el *mal de vivre* y decidió que, por simple que fuera todo, era ya demasiado para ella. Me distraigo con la mirada azul de la emperatriz y pienso que es una pena que Romy no esté hoy aquí, porque creo que le hubieran resultado balsámicas las palabras centrales de la canción de Sisa: «De las tristezas haremos humo».

Leonardo continúa desgranando la lista de invitados, acompañando el recitado de cada nombre con la música de su lira. Incansable y sonriente, sigue dando la bienvenida a todos los que van llegando a la fiesta, hasta que, por fin, unas palabras suyas me advierten que la canción está llegando a sus últimas estrofas: «Bienvenidos, pasad, pasad... Ahora ya no falta nadie, o quizás sí, ya me doy cuenta de que tan solo faltas tú. También puedes venir si quieres, te esperamos, hay sitio para todos. El tiempo no cuenta, ni el espacio, porque cualquier noche puede salir el sol, *qualsevol nit pot sortir el sol*». Y es en ese mismo momento, coincidiendo exactamente con la última estrofa cantada por Leonardo da Vinci, cuando percibo que, en la superficie de ese mar de Solaris oculto en la Fontaine Médicis, se está produciendo una curiosa convulsión acuática. Durante un instante, el ruido visual que se está gestando en el estanque me recuerda la sensación que experimenté hace algún tiempo en ese mismo lugar cuando vi emerger del agua una nube azul iridiscente formada por más de mil millones de libélulas, una por cada uno de los seres humanos que padecemos algún tipo de desequilibrio emocional o psicosocial. Sin embargo, lo que hoy emerge de la Fontaine es algo muy diferente, pues parecen siluetas clara y fieramente humanas como las que llueven del cielo en los cuadros de Magritte. Confundido y asustado, miro a Leonardo, el que todo lo sabe. El genial artista me devuelve al instante una maravillosa y tranquilizadora sonrisa, acompañada de unas pocas palabras: «Espero que no te importe que haya invitado a unos cuantos amigos más a nuestra fiesta de cumpleaños».

No puedo articular palabra; tan solo abro los ojos y en mi interior pido ayuda para mirar el mar, de cuyas aguas surgen como por ensalmo dos figuras femeninas a las que he visto antes en cuadros y murales, Higiea y Tlazoltéotl, que vienen de un pasado muy lejano en el que los dioses todavía vivían entre nosotros; y tras ellas aparecen Alcmeón de Crotona e Hipócrates de Cos paseando el alma con sus mentes claras y sus túnicas blancas, y Claude Bernard con su crisis de homeostasis, y Charles Darwin con su solemne barba y sus audaces pensamientos, y Albert Einstein con su relatividad, y Marie Skłodowska con su radiactividad, y Wisława Szymborska con su humanidad y su manual de poesía molecular y estadística social; y muy cerca de ellas dos observo la llegada de algunos otros curiosos científicos, como Srinivāsa Rāmānujan, el inolvidable viajero al infinito que hoy viste una llamativa camiseta con una lemniscata estampada junto a su icónico número epónimo, el 1729; y Santiago Ramón y Cajal, nuestro querido don Santiago, que intenta buscar las mariposas del alma entre las libélulas de la Fontaine; y el enigmático, brillante e inadaptado Ettore Majorana, que, tras descubrir algunos secretos de la antimateria, quiso desaparecer del mundo real; y el no menos enigmático, brillante e inadaptado Alexander Grothendieck, de quien aprendí que en un simple punto también cabe el universo entero; y, justo detrás, Francis Crick y Rosalind Franklin, enfrascados en su interminable discusión sobre la vida helicoidal. A continuación, distingo a Alois Alzheimer, que acude en representación de los Veintinueve del Congreso Solvay de la salud, y del que todos los asistentes a aquella reunión guardamos un memorable recuerdo.

Y tras el hombre que nos enseñó a entender el olvido vienen los filósofos y pensadores, representados en solitario por el propio Friedrich Nietzsche, quien me cuenta sin pudor que el resto de los invitados pertenecientes a su gremio están demasiado ocupados en el estudio de la filosofía molecular, porque quieren aprender a pensar con más propiedad; e inmediatamente después se presenta un buen contingente de exploradores de la salud mental, encabezados por Philippe Pinel y Sigmund Freud. A continuación, llega el turno de los escritores, que conforman un numeroso y caótico grupo, en el que enseguida reconozco al inconfundible Federico y a Idea Vilariño, que acude con sus cuatro hermanos de inolvidables nombres, Numen, Poema, Azul y Alma; y a Eduardo Galeano regalando abrazos y utopías; y a Milan Kundera con su brillante y soportable levedad; y a Gabriel García Márquez junto al gitano Melquíades, que lleva enrollada su alfombra voladora bajo el brazo; y a Jorge Luis Borges con la versión en braille de su *Aleph* para regalárselo al profesor Euler; y, por último, saludo efusivamente a Julio Cortázar, que acude a la fiesta con la siempre evanescente Lucía la Maga y con la pequeña corte de cronopios que le acompañan en sus paseos por París. Después, llegan los músicos, con Bach, Beethoven y Stravinski al frente, aunque también veo acercarse a un aniñado y melancólico Mozart, que parece recordar con nostalgia su vida en París mientras tararea, junto a la ya mítica Françoise Hardy, el ruidoso *allegro assai* de la sinfonía que aquí compuso; y tras ellos atisbo la llegada de los pintores, entre los que me emociona ver a Vincent van Gogh, Nicolas de Staël y Mark Rothko, que vienen juntos y en animada conversación; aguzando el oído escucho estas palabras de Vincent: «Estoy preocupado porque me ha dicho Joan Margarit que pronto no habrá amapolas, y ¿quién entenderá entonces mis cuadros?». Unos pasos más atrás distingo la desigual pareja que forman Diego Rivera y Frida Kahlo, seguidos por Edvard Munch, René Magritte y mi admirada Yayoi Kusama, con su pelo escarlata y su ropa salpicada de lunares de brillantes colores. Y justo tras ellos, cerrando la larga fila de invitados, mi más discreto imprescindible, Joan Miró, que no viene solo, pues desde el Mar de Cristal se han acercado a acompañarle sus dos gigantescos *Personnages fantastiques*, que ofrecen una nota de bella realidad en este presunto mundo imaginario.

Joan llega justo en el momento en que Leonardo da Vinci pone música a las estrofas finales de la canción de Jaume Sisa. Con total naturalidad, el genio toscano deja su *lira da braccio* apoyada en la barandilla de la Fontaine Médicis, mira al cercano infinito del mar de Solaris y nos regala las siguientes palabras: «Es cierto, algunas veces hasta lo más sencillo es ya demasiado para nosotros, pero todavía albergamos la esperanza de poder impulsar la educación de la humanidad hacia el respeto, la empatía y la equidad. Esta es la última verdad, la que siempre nos ayudará a recordar que el tiempo no cuenta, ni tampoco el espacio, porque, pase lo que pase, cualquier noche puede salir el sol. Por eso hay que seguir estrenando cada día con la confianza de que, aunque seamos criaturas imperfectas, frágiles y vulnerables, podemos llegar a ser artistas de nuestra propia vida y hasta pintar la leve estela que deja una frágil libélula cuando vuela».

AGRADECIMIENTOS

Muchas gracias a todos los que me acompañaron durante la escritura de este libro, inspiraron nuevas ideas o revisaron el primer manuscrito: Laura López-Velasco, Nuggí Binoche, Antonia Tomás-Loba, Santiago Lamas, Isabelle Herrero, Luigi Toffolatti, Julia Otero, Juan Valcárcel, Pilar González-Gil, Chefi Viejo, Letizia Ortiz y Daniel López-Velasco. Mi más profunda gratitud a Natalia Vega, Yaiza Español, María Manzaneque, Rafael Avello, Ángeles Álvarez, Laura Cabiedes-Miragaya, Alberto J. Schumacher, Pilar Puerto-Camacho y Andrés Piñera por su ejemplo crónico de lealtad y honestidad, y a José Antonio Sacristán (Fundación Lilly) por su invitación a escribir un artículo para la *Revista de Occidente* que me ayudó a imaginar el contenido de algunos capítulos de este libro. Finalmente, gracias a Elisabet Navarro, Marcela Serras y todo su equipo de Paidós por su excelente labor editorial y a Guido Kroemer y su grupo de investigación por acogerme en París, el lugar donde comenzó el vuelo de *La levedad de las libélulas*.

CRONOLOGÍAS

Alcmeón de Crotona: 540-500 a. C.
Hipócrates de Cos: 460-370 a. C.
Erasístrato de Ceos: 304-250 a. C.
Aristóteles de Estagira: 384-322 a. C.
Galeno de Pérgamo: 129-216
Abu Zayd al-Balkhi: 850-934
Abu Bakr al-Razi: 865-923
Dante Alighieri: 1265-1321
Leonardo da Vinci: 1452-1519
Galileo Galilei: 1564-1642
René Descartes: 1596-1650
Thomas Willis: 1621-1675
Isaac Newton: 1643-1727
Leonhard Euler: 1707-1783
Philippe Pinel: 1745-1826
Wolfgang Amadeus Mozart: 1756-1791
Ludwig van Beethoven: 1770-1827
Claude Bernard: 1813-1878
Louis Pasteur: 1822-1895
Paul Broca: 1824-1880
Julio Verne: 1828-1905

Carl Wernicke: 1848-1905
Santiago Ramón y Cajal: 1852-1934
Vincent van Gogh: 1853-1890
Emil Kraepelin: 1856-1926
Sigmund Freud: 1856-1939
Edvard Munch: 1863-1944
Alois Alzheimer: 1864-1915
Marie Skłodowska: 1867-1934
Albert Einstein: 1879-1955
Diego Rivera: 1886-1957
Joan Miró: 1893-1983
René Magritte: 1898-1967
Jorge Luis Borges: 1899-1986
Mark Rothko: 1903-1970
Severo Ochoa: 1905-1993
Frida Kahlo: 1907-1954
Nicolas de Staël: 1914-1955
Julio Cortázar: 1914-1984
Francis Crick: 1916-2004
Rosalind Franklin: 1920-1958
Idea Vilariño: 1920-2009
Wisława Szymborska: 1923-2012
Milan Kundera: 1929-2023
Françoise Hardy: 1944-2024

GLOSARIO

ADN: ácido desoxirribonucleico, el material genético de la mayoría de los seres vivos.

Aminoácido: cada uno de los veinte constituyentes fundamentales de las proteínas.

Antropoceno: era geológica actual que reconoce y estudia el impacto humano sobre el planeta Tierra.

ARN: ácido ribonucleico; actúa como regulador o intermediario en la transmisión de la información genética y es el material genético de algunos virus.

Asembloide: entidad formada por la combinación de organoides entre sí o con distintos tipos de células especializadas.

Autofagia: sistema de reciclaje celular que elimina productos defectuosos y genera componentes moleculares esenciales para la supervivencia.

Célula germinal: célula cuya misión es formar los óvulos o espermatozoides que son las células reproductivas necesarias para asegurar la continuidad de la especie.

Célula *stem*: célula troncal, madre o progenitora que tiene la capacidad de renovarse por sí sola para producir nuevas células del mismo tipo y, en un proceso de diferenciación, generar células especializadas con una función más específica.

CRISPR-Cas9: familia de secuencias de ADN que recibe el nombre de «repeticiones palindrómicas cortas agrupadas y regularmente interespaciadas» (*Clustered Regularly Interspaced Short Palindromic Repeats*) y que en conjunción con la nucleasa Cas9 conforman un eficiente sistema de edición génica.

Cromosoma: estructura del interior de las células que contiene material genético.

Culturómica: método de lexicología computacional que estudia el comportamiento humano y las tendencias culturales mediante el análisis cuantitativo de textos digitalizados.

Dataísmo: disciplina que se ocupa de la recopilación, el análisis y la interpretación de los datos masivos (*big data*).

Disbiosis: pérdida del equilibrio microbiano de la microbiota normal debida a cambios en su composición, distribución o función.

Entropía: magnitud física que refleja el desorden de un sistema aislado.

Epigenética: estudio de los mecanismos que activan o inactivan la expresión génica celular sin alterar la secuencia de ADN, como, por ejemplo, la metilación del ADN o la modificación de las histonas.

Escansión: acción de escandir o medir los versos, contar el número de sílabas que los conforman.

Exposoma: conjunto de factores físicos, químicos, microbianos, nutricionales, sociales, económicos y psicológicos a los que nos vemos expuestos en la vida cotidiana.

Flâneur: paseante por las calles de una ciudad, observador urbano.

Gen: unidad de información genética que codifica proteínas o ARN funcionales.

Genoma: conjunto de material genético de un organismo.

Hendíatris: figura retórica que consiste en la expresión de un único concepto mediante tres términos coordinados.

Holobionte: entidad formada por la asociación de diferentes especies integradas en una unidad ecológica.

Hormesis: proceso en virtud del cual la exposición a dosis bajas de un compuesto dañino favorece la adaptación del sistema, mientras que dosis más altas del mismo compuesto producen el efecto contrario.

Inteligencia artificial: ciencia dedicada a construir máquinas inteligentes que puedan realizar actividades propias de la inteligencia humana, como el autoaprendizaje.

Metagenoma: conjunto de todo el material genético presente en una muestra ambiental; en nuestro caso, el conjunto del genoma humano y el de los microbios que nos habitan.

Microbioma: conjunto formado por los genes de los microorganismos presentes en un nicho ecológico determinado.

Microbiota: comunidad de microorganismos vivos residentes en un nicho ecológico determinado, como el intestino humano.

Mitocondria: orgánulo celular que tiene su propio ADN y cuya función principal es la producción de energía.

Nucleótido: componente fundamental de los ácidos nucleicos formado por una base nitrogenada, un azúcar y una molécula de ácido fosfórico.

Optogenética: combinación de métodos genéticos y ópticos para el estudio de funciones biológicas que usa la luz como agente inductor de fenómenos específicos en diversas células de tejidos vivos.

Organoide: masa de tejido tridimensional creada mediante el cultivo en laboratorio de células progenitoras normales o tumorales que reproduce la estructura y funciones del órgano nativo. Estos órganos en miniatura se utilizan para estudiar cómo se forman los tejidos, sean normales o patológicos, así como para ensayar la eficiencia de nuevos tratamientos.

Polimorfismo: variación natural no patológica de una secuencia de ADN.

Posbiótico: sustancia producida por la microbiota que tiene efectos funcionales en el huésped.

Prebiótico: componente no digerible de la dieta que beneficia al organismo, mejorando la función de la microbiota.

Prepaciente: término que define la situación de un individuo que tiene un cierto riesgo de desarrollar una enfermedad, pero cuyos síntomas no se han hecho todavía evidentes.

Probióticos: bacterias vivas que aportan beneficios al organismo.

Progeria: envejecimiento prematuro.

Proteína recombinante: proteína funcional producida mediante técnicas de ingeniería genética.

Proteoma: conjunto de las proteínas de una célula.

Proteostasis: proceso que mantiene la armonía del proteoma.

Protervia: perversidad, obstinación en la maldad.

Reloj circadiano: sistema biológico que marca el ritmo de nuestra vida al determinar los cambios físicos, mentales y de comportamiento que experimenta el cuerpo en un ciclo de veinticuatro horas.

Reprogramación epigenética: reconversión de células adultas diferenciadas en células pluripotentes inducidas, capaces de generar cualquier tipo de tejido.

Serotonina: neurotransmisor implicado en la regulación de las emociones y los estados de ánimo.

Singularidad: característica asociada al momento en el que, en teoría, los ordenadores superarán en inteligencia a los humanos y provocarán un cambio definitivo en la historia del *Homo sapiens*.

Trisbiosis: disbiosis causada por la tristeza, disbiosis del alma.

BIBLIOGRAFÍA

Esta lista incluye una serie de libros cuya lectura ha proporcionado ideas o datos fundamentales para la preparación de *La levedad de las libélulas*:

Alonso Peña, José Ramón, *Historia del cerebro*, Córdoba, Guadalmazán, 2018.

Ávila, Jesús, y Miguel Medina, *El futuro del alzhéimer: vencer el olvido*, Barcelona, RBA, 2017.

Basulto, Julio, y Juanjo Cáceres, *Dieta y cáncer: qué puede y qué no puede hacer tu alimentación*, Barcelona, Planeta, 2019.

Bernard, Claude, *Introducción al estudio de la medicina experimental*, edición y prólogo de Pedro García Barreno, Barcelona, Crítica, 2005.

Bilbeny, Norbert, *La enfermedad del olvido*, Barcelona, Galaxia Gutenberg, 2022.

Castellanos, Nazareth, *Neurociencia del cuerpo*, Barcelona, Kairós, 2022.

Clavero, Curro, *Alimentación evolutiva*, Santander, Clavero Valdivielso, 2023.

Cortázar, Julio, *Rayuela (edición conmemorativa)*, Madrid, RAE, 2019.

Dalmau, Miguel, *Julio Cortázar*, Barcelona, Edhasa, 2015.

De Felipe, Javier, *De Laetoli a la Luna: el insólito viaje del cerebro humano*, Barcelona, Crítica, 2022.

Dunham, William, *Euler, el maestro de todos los matemáticos*, Madrid, Nivola, 2000.

Elías, Carme, *Cuando ya no sea yo*, Barcelona, Planeta, 2023.
Isaacson, Walter, *Leonardo da Vinci*, Barcelona, Debate, 2023.
Laín Entralgo, Pedro, *Historia universal de la medicina*, Barcelona, Salvat, 1972.
Lem, Stanisław, *Solaris*, Madrid, Impedimenta, 2011.
Lester, Toby, *Da Vinci's ghost*, Nueva York, Simon & Schuster, 2012.
López-Otín, Carlos, *La vida en cuatro letras*, Barcelona, Paidós, 2019.
—, *Egoístas, inmortales y viajeras*, Barcelona, Paidós, 2022.
—, y Guido Kroemer, *El sueño del tiempo*, Barcelona, Paidós, 2020.
Madrid, Juan Antonio, *Cronobiología: una guía para descubrir tu reloj biológico*, Barcelona, Plataforma, 2022.
Maojo, Víctor (coord.), *Aplicaciones de la inteligencia artificial en medicina personalizada de precisión*, Madrid, Fundación Instituto Roche, 2023.
Margarit, Joan, *Todos los poemas (1975-2015)*, Barcelona, Austral, 2018.
Marina, José Antonio, *Biografía de la inhumanidad*, Barcelona, Ariel, 2021.
Massot, Josep, *Joan Miró: el niño que hablaba con los árboles*, Barcelona, Galaxia Gutenberg, 2018.
Monod, Jacques, *El azar y la necesidad*, Barcelona, Tusquets, 2016.
Morgado, Ignacio, *El cerebro y la mente humana*, Barcelona, Ariel, 2023.
Nicolelis, Miguel, *El verdadero creador de todo*, Barcelona, Paidós, 2022.
Ordine, Nuccio, *La utilidad de lo inútil*, Barcelona, Acantilado, 2013.
Roca-Ferrer, Xavier, *El mono ansioso*, Barcelona, Arpa, 2019.
Sánchez, Aitor, *¿Qué pasa con la nutrición?*, Barcelona, Paidós, 2023.
Sánchez Ron, José Manuel, *Querido Isaac, querido Albert*, Barcelona, Crítica, 2023.
Sapolsky, Robert, *Compórtate*, Madrid, Capitán Swing, 2020.
Tobeña, Adolf, *Neurología de la maldad*, Barcelona, Plataforma, 2016.
Vallejo, Irene, *El infinito en un junco*, Siruela, Madrid, 2019.
Yong, Ed, *Yo contengo multitudes: los microbios que nos habitan y una visión más amplia de la vida*, Barcelona, Debate, 2020.
Yuste, Belén, y Sonnia L. Rivas-Caballero, *María Skłodowska-Curie: ella misma*, Madrid, Palabra, 2018.

GALERÍA DE ARTE

El vol de la libèl·lula davant del sol, Joan Miró (introducción)
El hombre de Vitruvio, Leonardo da Vinci (capítulo 1)
Cinco cabezas grotescas, Leonardo da Vinci (capítulo 3)
La escuela de Atenas, Rafael Sanzio (capítulo 5)
El pueblo en demanda de salud, Diego Rivera (capítulo 6)
El grito, Edvard Munch (capítulo 13)
Melencolia I, Alberto Durero (capítulo 13)
Erasístrato descubriendo la causa de la enfermedad de Antíoco, Jacques-Louis David (capítulo 13)
La nave de los locos, El Bosco (capítulo 13)
Champ de blé sous des nuages d'orage, Vincent van Gogh (capítulo 14)
El abrazo, Juan Genovés (capítulo 15)

CARTELERA DE CINE

Náufrago en la luna, Lee Hey-Jun (capítulo 1)
Amélie, Jean-Pierre Jeunet (capítulo 4)
Oppenheimer, Cristopher Nolan (capítulo 5)
El hombre que conocía el infinito, Matt Brown (capítulo 7)
Saben aquell, David Trueba (capítulo 7)
La lista de Schindler, Steven Spielberg (capítulo 10)
La insoportable levedad del ser, Philip Kaufman (capítulo 12)
Alguien voló sobre el nido del cuco, Milos Forman (capítulo 13)
Melancolía, Lars von Trier (capítulo 13)
Better days, Derek Tsang (capítulo 14)
Close, Lukas Dhont (capítulo 14)
Mi vida sin mí, Isabel Coixet (capítulo 15)
2001: una odisea del espacio, Stanley Kubrick (capítulo 15)

BANDA SONORA

Es wird wieder gut, Max Raabe (capítulo 1)
Pale blue eyes, Lou Reed & The Velvet Underground (capítulo 1)
Piazza Grande, Lucio Dalla (capítulo 2)
L'amitié, Françoise Hardy (capítulo 3)
Comptine d'un autre été, Yann Tiersen (capítulo 4)
Spiegel im Spiegel, Arvo Pärt (capítulo 5)
Alegria, Antònia Font (capítulo 6)
Tristesa, Antònia Font (capítulo 6)
El lugar correcto, Natalia Lafourcade (capítulo 7)
Una casa portuguesa, Amália Rodrigues (capítulo 7)
Tajabone, Ismaël Lô (capítulo 8)
Esperanza, Hermanos Gutiérrez (capítulo 8)
El huracán, Colectivo Panamera (capítulo 9)
La mer est calme, Ben Mazué & Louane (capítulo 10)
Losing my religion, R.E.M. (capítulo 10)
La cura, Franco Battiato (capítulo 10)
Adagietto, *Quinta sinfonía*, Gustav Mahler (capítulo 11)
Pla quinquennal, Manel (capítulo 11)
Il bambino che contava le stelle, Ultimo (capítulo 11)
Adagio para cuerdas, op. 11, Samuel Barber (capítulo 12)
La consagración de la primavera, Ígor Stravinski (capítulo 12)
Last dance, Joep Beving (capítulo 12)
Vestida de nit, Sílvia Pérez Cruz (capítulo 12)
Sonhos, Caetano Veloso (capítulo 12)

Mother's little helper, The Rolling Stones (capítulo 13)
Yo no necesito de mucho, Laura Itandehui (capítulo 14)
Novena sinfonía, Ludwig van Beethoven (capítulo 14)
Mother, Sinéad O'Connor & Roger Waters (capítulo 14)
Lucha de gigantes, Antonio Vega (capítulo 15)
Negra sombra, Luz Casal (capítulo 15)
Me voy a Valparaíso, Diego Lorenzini (capítulo 15)
Qualsevol nit pot sortir el sol, Jaume Sisa (epílogo)
Allegro assai, *Sinfonía París*, Wolfgang Amadeus Mozart (epílogo)

Las canciones de esta banda sonora están compiladas en una lista de Spotify titulada «La Levedad de las Libélulas», y la cuenta de Instagram @la levedaddelaslibelulas recoge información y materiales adicionales relacionados con el libro.

NOTAS

1. La levedad de las libélulas

1. La cita «en tiempos de palabras aladas» es un sencillo homenaje a Irene Vallejo, una brillante escritora cuyo libro *El infinito en un junco* es uno de mis referentes esenciales de la literatura reciente.

2. La información sobre Joan Miró utilizada en este libro se ha extraído fundamentalmente de la excelente biografía titulada *Joan Miró: el niño que hablaba con los árboles* (Josep Massot). Además, he utilizado datos de numerosos catálogos de diversas exposiciones de la obra del pintor que he podido contemplar en museos de distintos países y en las sedes de la Fundación Miró ubicadas en Barcelona y Palma de Mallorca. En uno de estos catálogos leí un texto en el que Joan Miró explicaba que la verdadera esencia del arte no consiste en recrear el vuelo de un pájaro, algo que muchos pintores pueden lograr con maestría; lo que el artista debe intentar pintar es la estela que el ave deja en el aire cuando vuela. Esta idea de Miró está en la génesis de la metáfora utilizada en este libro acerca de la levedad del vuelo de las libélulas y su extrapolación a la fragilidad y vulnerabilidad de nuestra propia vida.

3. Solaris es un océano pensante imaginado por Stanisław Lem, que dio título a una de sus novelas publicada en 1961 y que se considera una de las más influyentes en el desarrollo de la literatura de ciencia ficción.

4. «Fue necesario un ancho espacio y un largo tiempo» es un verso del

poema autobiográfico de Ángel González titulado «Para que yo me llame Ángel González».

5. La cita «convertir la palabra en la materia» corresponde al primer verso del poema de José Ángel Valente titulado «Materia».

2. El más bello icono de la salud

1. Se puede obtener información adicional sobre el proceso visual conocido como «frecuencia crítica de fusión de parpadeo» en el artículo siguiente: Lafitte *et al.*, «A flashing light may not be that flashy: a systematic review on critical fusion frequencies», *PLoS One*, vol. 17, 2022, pág. e0279718.

2. La información sobre Leonardo da Vinci se ha extraído básicamente de dos biografías del artista escritas por Walter Isaacson y Toby Lester. Al margen de los datos factuales documentados en estos excelentes libros, en este capítulo y en otros posteriores del presente libro se incorporan reflexiones y conversaciones atribuidas a Leonardo da Vinci que son puramente imaginarias y que presento con la intención de recrear los momentos de emoción y descubrimiento que acompañaron al vuelo de la mente de este excepcional ser humano.

3. La frase «por azar o por necesidad» hace referencia al título de un libro de Jacques Monod cuya lectura me causó un gran impacto en etapas tempranas de mi formación científica.

4. Un attosegundo es una unidad de tiempo equivalente a la trillonésima parte de un segundo. Pierre Agostini, Ferenc Krausz y Anne L'Huillier, tres destacados investigadores de la física del attosegundo, han sido galardonados con el Premio Nobel de Física de 2023 por sus estudios en este ámbito del tiempo minúsculo.

5. El artículo en el que se describen los resultados del estudio anatómico de sesenta y cinco mil personas para evaluar los posibles cambios en la percepción de las proporciones humanas perfectas desde que Leonardo da Vinci dibujó el Hombre de Vitruvio es: Thomas *et al.*, «Revisiting Leonardo da Vinci's Vitruvian man using contemporary measurements», *JAMA*, vol. 323, 2020, págs. 2342-2343.

3. El hombre que dominaba a los caballos

1. Los datos históricos referentes a la participación de Alcmeón de Crotona e Hipócrates de Cos en el «milagro griego» que condujo al gran desarrollo de múltiples áreas de conocimiento se han recogido fundamentalmente de la excepcional obra de Pedro Laín Entralgo titulada *Historia universal de la medicina.*

4. La sabiduría del cuerpo

1. La información biográfica y científica acerca de Claude Bernard está basada en el excelente libro del fisiólogo francés, editado y prologado por Pedro García Barreno, que lleva por título *Introducción al estudio de la medicina experimental.*

2. La frase «el tiempo no pasa, solo da vueltas en redondo» se ha tomado de *Cien años de soledad*, el icónico libro de Gabriel García Márquez.

5. La vida viene de la vida

1. La fuente fundamental para la recogida de datos sobre los protagonistas de las distintas cuestiones científicas tratadas en este capítulo ha sido el brillante libro de José Manuel Sánchez Ron titulado *Querido Isaac, querido Albert: una historia epistolar de la ciencia.*

2. Los datos sobre la vida y el trabajo de Marie Skłodowska se han basado en la información publicada por Belén Yuste y Sonnia L. Rivas-Caballero en su libro *María Skłodowska-Curie: ella misma.*

3. La reivindicación de la «utilidad del conocimiento de lo inútil» ha sido ampliamente tratada por Abraham Flexner en su artículo «The usefulness of useless knowledge», *Harper's*, vol. 179, 1939, págs. 544-552, y por Nuccio Ordine en su libro *La utilidad de lo inútil.*

6. El pueblo en demanda de salud

1. Entre los artículos que he utilizado para obtener información sobre Diego Rivera y su mural *El pueblo en demanda de salud*, destacaría: Rodríguez-Gómez y Cabello, «The history of medicine in Mexico: People's demand for better health, mural in 1953 still current», *Rev. Chil. Pediatr.*, vol. 90, 2019, págs. 351-355; y A. Navarro, «Los murales de Rivera y Siqueiros en el Centro Médico Nacional La Raza», <https://armandoasis.wordpress.com/2021/08/11/los-murales-de-rivera-y-siqueiros-en-el-centro-medico-nacional-la-raza/>.

7. Los males del mundo

1. La biografía de Srinivāsa Rāmānujan se recrea en la película *El hombre que conocía el infinito*, dirigida por Matt Brown y basada en el libro del mismo título publicado por Robert Kanigel.

2. El texto «el cortejo de cifras no se detiene en el margen de un folio, es capaz de prolongarse por la mesa, a través del aire, a través del muro, de una hoja, del nido de un pájaro» forma parte de un poema de Wisława Szymborska dedicado al número pi.

3. Los artículos en los que describimos por primera vez el síndrome de Néstor-Guillermo (NGPS) son: Puente *et al.*, «Exome sequencing and functional analysis identifies BANF1 mutation as the cause of a hereditary progeroid syndrome», *Am. J. Hum. Genet.*, vol. 88, 2011, págs. 650-656; y Cabanillas *et al.*, «Néstor-Guillermo progeria syndrome: a novel premature aging condition with early onset and chronic development caused by BANF1 mutations», *Am. J. Med. Genet.*, vol. 155A, 2011, págs. 2617-2625.

8. La salud a la luz de la evolución

1. En los siguientes artículos se puede obtener información adicional acerca de la importancia de la evolución biológica en la concepción actual de la salud y de la enfermedad: Williams y Nesse, «The dawn of Darwinian medicine», *Q. Rev. Biol.*, vol. 66, 1991, págs. 1-22; Natterson-Horowitz *et*

al., «The future of evolutionary medicine: sparking innovation in biomedicine and public health», *Front Sci.*, vol. 1, 2023, pág. 997136; Corbett *et al.*, «The transition to modernity and chronic disease: mismatch and natural selection», *Nat. Rev. Genet.*, vol. 19, 2018, págs. 419-430; y R. M. Nesse, «Evolutionary psychiatry: foundations, progress and challenges», *World Psychiatry*, vol. 22, 2023, págs. 177-202.

2. Las implicaciones de la obesidad en el desarrollo de distintas enfermedades se discuten en: Kroemer *et al.*, «Carbotoxicity, noxious effects of carbohydrates», *Cell*, vol. 175, 2021, págs. 605-614; Lan *et al.*, «FTO: a common genetic basis for obesity and cancer», *Front. Genet.*, vol. 11, 2020, pág. 559138; Neto *et al.*, «The complex relationship between obesity and neurodegenerative diseases: an updated review», *Front. Cell. Neurosci.*, vol. 17, 2023, pág. 1294420; y Lembo *et al.*, «Obesity: the perfect storm for heart failure», *ESC Heart Fail.*, 2024, <https://doi.org/10.1002/ehf2.14641>.

3. La información sobre el concepto de pleiotropía antagónica y su impacto sobre la salud se puede ampliar en: Long y Zhang, «Evidence for the role of selection for reproductively advantageous alleles in human aging», *Sci. Adv.*, vol. 9, 2023, pág. eadh4990.

9. Las claves de la salud

1. Los detalles de este trabajo científico de libre acceso se pueden consultar en <https://doi.org/10.1016/j.cell.2020.11.034>.

2. Se puede obtener información adicional sobre la importancia del proceso de hormesis para la salud humana en los siguientes artículos: Mattson y Leak, «The hormesis principle of neuroplasticity and neuroprotection», *Cell Metab.*, vol. 36, 2024, págs. 315-337; y Calabrese *et al.*, «Hormesis determines lifespan», *Ageing Res. Rev.*, vol. 94, 2024, pág. 102181.

10. Conocer para curar

1. La cita sobre «un señor muy viejo y con unas alas enormes» se refiere al cuento del mismo título escrito por Gabriel García Márquez y recreado en el videoclip *Losing my religion* del grupo estadounidense de *rock* R.E.M.

2. La reflexión acerca de que lo realmente importante «no es mantenerse vivo, sino mantenerse humano» fue escrita por George Orwell en su novela *1984*.

11. La cultura de la vida

1. Las palabras pronunciadas por Leonardo da Vinci y el resto de los participantes en el imaginario congreso de Solvay sobre las claves de la salud y de las enfermedades son un mero recurso literario. Sin embargo, en todos los casos he tratado de extrapolar hacia el futuro sus propias ideas expresadas en otros ámbitos de pensamiento e integrarlas con el estado actual de los avances médicos y científicos en las diversas enfermedades discutidas en este capítulo.

2. Entre los innumerables libros que abordan el estudio de la enfermedad de Alzheimer destacaría, por cubrir distintos aspectos y perspectivas sobre esta patología, los siguientes: *El futuro del alzhéimer: vencer el olvido* (Jesús Ávila y Miguel Medina), *La enfermedad del olvido* (Norbert Bilbeny) y *Cuando ya no sea yo* (Carme Elías).

3. Las notas clínicas originales tomadas por el doctor Alois Alzheimer sobre Auguste Deter —la primera paciente diagnosticada de esta enfermedad neurológica que lleva el nombre de su descubridor— fueron recuperadas de unos archivos olvidados durante décadas y se publicaron en este artículo: Maurer *et al.*, «Auguste D. and Alzheimer's disease», *Lancet*, vol. 349, 1997, págs. 1546-1549.

4. «El olvido que seremos» hace referencia a un soneto de Jorge Luis Borges («Ya somos el olvido que seremos») que puso título a un excepcional libro de Héctor Abad Faciolince, en el que narra el asesinato de su padre en Medellín en el verano de 1987. En 2020, Fernando y David Trueba llevaron al cine con gran brillantez y verdad este conmovedor relato.

5. Un estudio muy reciente en el que se describe el alcance patológico de la variante ε4 del gen APOE en la enfermedad de Alzheimer se puede consultar en: Fortea *et al.*, «APOE4 homozygosity represents a distinct genetic form of Alzheimer's disease», *Nat. Med.*, 2024, doi: 10.1038/s41591-024-02931-w.

6. Los siguientes artículos recogen información adicional sobre el síndrome de Brugada y sobre otras miocardiopatías asociadas a la muerte

súbita: Moras *et al.*, «Genetic and molecular mechanisms in Brugada syndrome», *Cells*, vol. 12, 2023, pág. 1791; Cutler *et al.*, «Clinical management of Brugada syndrome», *Circ. Arrhythm. Electrophysiol.*, vol. 17, 2024, pág. e012072; A. M. Glazer, «Genetics of congenital arrhythmia syndromes: the challenge of variant interpretation», *Curr. Opin. Genet. Dev.*, vol. 77, 2022, pág. 102004; y Specterman y Behr, «Cardiogenetics: the role of genetic testing for inherited arrhythmia syndromes and sudden death», *Heart*, vol. 109, 2023, págs. 434-441.

7. Los detalles de nuestro descubrimiento de las mutaciones en el gen FLNC que causan muerte súbita pueden verse en: Valdés-Mas *et al.*, «Mutations in filamin C cause a new form of familial hypertrophic cardiomyopathy», *Nature Commun.*, vol. 5, 2014, pág. 5326.

8. Se puede obtener información adicional sobre la enfermedad de Crohn en: Dolinger *et al.*, «Crohn's disease», *Lancet*, vol. 403, 2024, págs. 1177-1191; y Hanzel *et al.*, «Upadacitinib for the treatment of moderate-to-severe Crohn's disease», *Immunotherapy*, vol. 16, 2024, págs. 345-357.

9. Los siguientes artículos recogen avances recientes en torno a la distrofia muscular de Duchenne: Mozzetta *et al.*, «HDAC inhibitors as pharmacological treatment for Duchenne muscular dystrophy: a discovery journey from bench to patients», *Trends Mol. Med.*, vol. 30, 2024, págs. 278-294; Gupta *et al.*, «Morpholino oligonucleotide-mediated exon skipping for DMD treatment: past insights, present challenges and future perspectives», *J. Biosci.*, vol. 48, 2023, pág. 38; Tang y Yokota, «Duchenne muscular dystrophy: promising early-stage clinical trials to watch», *Expert Opin. Invest. Drugs*, vol. 33, 2024, págs. 201-217; y Tang y Yokota, «Evolving role of viltolarsen for treatment of Duchenne muscular dystrophy», *Adv. Ther.*, vol. 41, 2024, págs. 1338-1350.

10. La cita sobre la «reprogramación celular a la Yamanaka» hace referencia a los trabajos pioneros de Shinya Yamanaka en este ámbito científico, por los que fue galardonado con el Premio Nobel de Medicina en 2012. Dichos trabajos se describen en: Takahashi y Yamanaka, «Induction of pluripotent stem cells from mouse embryonic and adult fibroblast cultures by defined factors», *Cell*, vol. 126, 2006, págs. 663-676; y Takahashi *et al.*, «Induction of pluripotent stem cells from adult human fibroblasts by defined factors», *Cell*, vol. 131, 2007, págs. 861-872.

11. En los siguientes artículos se puede encontrar información adicio-

nal sobre avances recientes en el estudio y el tratamiento del sarcoma de Ewing: Puerto-Camacho *et al.*, «Endoglin and MMP14 contribute to Ewing sarcoma spreading by modulation of cell-matrix interactions», *Int. J. Mol. Sci.*, vol. 23, 2022, pág. 8657; Sánchez-Molina *et al.*, «Ewing sarcoma meets epigenetics, immunology and nanomedicine: moving forward into novel therapeutic strategies», *Cancers*, vol. 14, 2022, pág. 5473; y Wytiaz *et al.*, «Disparate outcomes, biologic and therapeutic differences in pediatric versus adult patients with Ewing sarcoma», *Oncology*, vol. 102, 2024, págs. 1-8.

12. La contribución de nuestro laboratorio al desciframiento y análisis funcional del genoma del ornitorrinco se describe en: Warren *et al.*, «Genome analysis of the platypus reveals unique signatures of evolution», *Nature*, vol. 453, 2008, págs. 175-183; y Ordóñez *et al.*, «Loss of genes implicated in gastric functions during platypus evolution», *Genome Biol.*, vol. 9, 2008, pág. R81.

13. Tal como señalamos anteriormente, los discursos de Leonardo da Vinci recogidos en este libro son puramente imaginarios. Sin embargo, en este caso particular Leonardo termina su intervención en el Congreso Solvay de la salud con cinco palabras que le pertenecen y forman parte de su propia historia vital: «*perche la minestra si fredda*». Estas fueron las palabras con que Leonardo concluyó su último cuaderno de notas. Se incluyen aquí como símbolo del estrecho abrazo entre la realidad y la fantasía que me ha acompañado durante la escritura de este libro.

12. La ecuación de la salud

1. Los datos biográficos de Julio Cortázar se han extraído fundamentalmente de la biografía del escritor argentino publicada por Miguel Dalmau. En cualquier caso, al igual que las atribuidas anteriormente a Leonardo da Vinci, las reflexiones de Cortázar sobre la salud y la enfermedad incluidas en este libro pertenecen exclusivamente al ámbito de lo literario y de lo imaginario.

2. La frase en la que se habla de los ajolotes como poseedores «de una vida diferente, de otra manera de mirar» pertenece al relato «Axolotl», en el que Julio Cortázar plasmó su asombro y admiración por unos seres que son auténticos maestros de la regeneración celular y tisular.

3. El verso «como silencio cayendo del cielo» pertenece al poema «Nieve» de Louise Glück, premio Nobel de Literatura en 2020.

4. La idea de que hubo un tiempo en el que «nuestras piernas caminantes» eran los únicos pasaportes necesarios para iniciar la búsqueda de nuevos horizontes vitales se basa en unas reflexiones de Eduardo Galeano sobre los emigrantes que, «cansados de esperar y ya sin esperanza, huyen».

5. Algunos trabajos previos en los que he resumido mis propuestas acerca de la importancia de una nutrición adecuada para disfrutar de una mejor salud se citan en los tres libros que componen la *Trilogía de la vida: La vida en cuatro letras*, *El sueño del tiempo* y *Egoístas, inmortales y viajeras*. Entre los libros recientes que discuten de manera concreta diversas aproximaciones nutricionales saludables puedo recomendar: *Alimentación evolutiva* (Curro Clavero), *Dieta y cáncer* (Julio Basulto y Juanjo Cáceres) y *¿Qué pasa con la nutrición?* (Aitor Sánchez).

6. Para ampliar la información en distintos niveles de complejidad sobre la relevancia del microbioma en nuestra salud se pueden consultar los libros siguientes: *Yo contengo multitudes* (Ed Yong) y *El mundo secreto de la microbiota* (Sari Arponen y Lirios Bou)

7. Entre los numerosos artículos que han analizado la importancia del ejercicio físico para la salud se pueden citar: Qiu *et al.*, «Exercise sustains the hallmarks of health», *J. Sport Health Sci.*, vol. 12, 2023, págs. 8-35; Fiuza-Luces *et al.*, «The effect of physical exercise on anticancer immunity», *Nat. Rev. Immunol.*, 2024, doi: 10.1038/s41577-023-00943-0; Peñín-Grandes *et al.*, «Winners do what they fear: exercise and peripheral arterial disease-an umbrella review», *Eur. J. Prev. Cardiol.*, vol. 31, 2024, págs. 380-388; y Li *et al.*, «Efficacy of exercise rehabilitation for managing patients with Alzheimer's disease», *Neural Regen. Res.*, vol. 19, 2024, págs. 2175-2188.

8. Se puede obtener información adicional sobre los relojes biológicos y su impacto sobre la salud en el excelente libro de Juan Antonio Madrid *Cronobiología: una guía para descubrir tu reloj biológico.*

13. Los eclipses de alma

1. La información mostrada sobre las Casas de la Vida del Antiguo Egipto se puede ampliar en los siguientes enlaces de libre acceso: <https://

historia.nationalgeographic.com.es/a/medicina-antiguo-egipto-mezcla-magia-ciencia_6289#google_vignette> (Manuel Juaneda-Magdalena); <https://revistadehistoria.es/que-sabemos-de-la-casa-de-la-vida/> (Ana Iriarte). Este capítulo también se ha enriquecido con la lectura de algunos textos de Marina Escolano-Poveda, una brillante egiptóloga española que descubrió en el Museo Bíblico de Mallorca fragmentos inéditos del papiro de Berlín 3024. En este antiguo manuscrito se recogen las reflexiones del escriba egipcio cuya historia se ha recreado en este capítulo del presente libro.

2. Entre los libros que he consultado para reconstruir la historia de la melancolía humana destacaría una obra extraordinaria, *El mono ansioso*, de Xavier Roca-Ferrer. También me han resultado de gran ayuda *Historia del cerebro* (José Ramón Alonso Peña), *El verdadero creador de todo* (Miguel Nicolelis) y *El cerebro y la mente humana* (Ignacio Morgado).

3. El verso «más amplio que el cielo y más profundo que el mar» forma parte de un poema de Emily Dickinson dedicado al cerebro y escrito en 1862.

4. Para intentar avanzar en la difícil tarea de comprender la protervia, esa obstinación en la perversión y la maldad que muestran algunos seres humanos, me ha sido de notable utilidad la lectura de *Neurología de la maldad*, de Adolf Tobeña, y *Biografía de la inhumanidad*, de José Antonio Marina.

14. La adaptación al mundo

1. Los datos biográficos de Leonhard Euler se han tomado fundamentalmente del libro *Euler, el maestro de todos los matemáticos*, de William Dunham.

2. El concepto de adaptación psicosocial y su importancia para la salud humana se discute ampliamente en nuestro artículo López-Otín y Kroemer, «The missing hallmark of health: psychosocial adaptation», *Cell Stress*, vol. 8, 2024, págs. 21-50, <http://www.cell-stress.com/researcharticles/2024a-lopez-otin-cell-stress/>.

3. Se pueden visualizar sus detalles más específicos en el enlace <http://www.cell-stress.com/researcharticles/2024a-lopez-otin-cell-stress/>.

15. La noria de la supervivencia

1. La cita «mi vida sin mí» es un sencillo homenaje de este libro al cine de Isabel Coixet, una persona que, con su trabajo y su ejemplo, siempre me ha demostrado su sincero afán de superar las barreras ficticias de las dos culturas de Snow.

2. El artículo de Ramón López de Mántaras titulado «¿Inteligencia artificial o habilidades sin comprensión?» (*Revista de Occidente*, vol. 511, 2023, págs. 95-111) describe con lucidez la realidad actual del confuso concepto de inteligencia artificial.

3. Para ampliar la información sobre las aplicaciones médicas de la inteligencia artificial es muy recomendable la lectura del excelente informe *Aplicaciones de la inteligencia artificial en medicina personalizada de precisión*, publicado por la Fundación Instituto Roche bajo la coordinación de Víctor Maojo, <https://www.institutoroche.es/recursos/publicaciones/214/Informes_Anticipado_APLICACIONES_DE_LA_INTELIGENCIA_ARTIFICIAL_EN_MEDICINA_PERSONALIZADA_DE_PRECISION>.

4. Los siguientes artículos describen aplicaciones médicas de la inteligencia artificial que no se limitan a la facilitación de la recogida de datos: Lee *et al.*, «Benefits, limits and risks of GPT-4 as an AI chatbot for medicine», *New Engl. J. Med.*, vol. 388, 2023, págs. 1233-1239; Wieneke y Voigt, «Principles of artificial intelligence and its application in cardiovascular medicine», *Clin. Cardiol.*, vol. 47, 2024, pág. E24148; Wu *et al.*, «Big data and artificial intelligence in cancer research», *Trends Cancer*, vol. 10, 2024, págs. 147-160; Qiu y Cheng, «Artificial intelligence for drug discovery and development in Alzheimer's disease», *Curr. Opin. Struct. Biol.*, vol. 85, 2024, pág. 102776; y Hasselgren y Oprea, «Artificial intelligence for drug discovery: are we there yet?», *Annu. Rev. Pharmacol. Toxicol.*, vol. 64, 2024, págs. 527-550.

5. El descubrimiento del antibiótico halicina a partir de algoritmos de inteligencia artificial se describe con detalle en: Stokes *et al.*, «A deep learning approach to antibiotic discovery», *Cell*, vol. 180, 2020, págs. 688-702.

6. La cita sobre «el imperio de los sentidos» se refiere a la película del mismo título dirigida por Nagisha Oshima.

7. «Disolviéndome en aire cotidiano» es un verso del poema «Cumpleaños» de Ángel González.

8. La frase «toda negligencia es deliberada, todo casual encuentro una cita, toda humillación una penitencia, todo fracaso una misteriosa victoria, toda muerte un suicidio» forma parte de un texto de *El Aleph* de Jorge Luis Borges.

9. La cita sobre la «lucha de gigantes» hace referencia a una excepcional canción de Antonio Vega.

10. «Me voy a Valparaíso, y al mar le da lo mismo» son estrofas de una canción de Diego Lorenzini titulada *Me voy a Valparaíso.*